Engy Zaki

Fontes de gordura e aditivos alimentares na nutrição de frangos de carne

Engy Zaki

Fontes de gordura e aditivos alimentares na nutrição de frangos de carne

ScienciaScripts

Cover image: www.ingimage.com

This book is a translation from the original published under ISBN 978-613-9-95749-1.

Publisher:
Sciencia Scripts
is a trademark of
Dodo Books Indian Ocean Ltd. and OmniScriptum S.R.L publishing group

120 High Road, East Finchley, London, N2 9ED, United Kingdom
Str. Armeneasca 28/1, office 1, Chisinau MD-2012, Republic of Moldova, Europe
Printed at: see last page
ISBN: 978-620-5-80890-0

Capítulo 1

Fontes de gordura e aditivos alimentares em dietas de frangos de carne

Sinopse

Este capítulo trata do efeito dos óleos vegetais com ou sem a adição de aditivos alimentares em dietas de frangos de carne. Dá uma visão geral da influência da alimentação de diferentes tipos de óleos vegetais como fonte de gordura nas dietas de frangos de carne. Abrange também o impacto da utilização de enzimas como aditivos alimentares comerciais na produção de frangos de carne.

Palavras-chave: óleo vegetal, aditivos alimentares, frangos de carne, nutrição.

1.1. Introdução

A utilização de gordura, especialmente gordura saturada, é ainda considerada desnecessária. De acordo com as orientações dietéticas e outros grupos de vigilância sanitária, a quantidade de gordura na dieta deve situar-se entre 15 e 30% do total de calorias, sendo a gordura saturada limitada a 0 a 10% da ingestão calórica e o colesterol a menos de 300 mg/dia (Carrol, 1998; Chizzolini et al., 1999). Em geral, a investigação sobre a redução e substituição de gorduras animais por óleos vegetais em vários tipos de produtos de carne atraiu muita atenção na indústria de processamento de carne (Wan Rosli et al., 2007).

Os óleos vegetais são frequentemente utilizados na alimentação de aves de capoeira para aumentar a densidade energética da ração. Estes óleos são ricos em ácidos gordos polinsaturados, que são mais susceptíveis à deterioração por oxidação lipídica do que os ácidos gordos saturados.

Enzimas como a fitase microbiana são utilizadas como um aditivo alimentar comercial na produção de frangos de carne para melhorar o valor nutricional das rações à base de plantas. A adição de fitase microbiana aos alimentos para frangos de carne leva à hidrólise do fitato, que liga o fósforo da ração vegetal (Biehl & Baker, 1997; Kies et al. 2001).

1.2. Óleo vegetal como um recurso gordo

Os óleos têm sido sempre utilizados como fonte de energia na alimentação de frangos de carne. A utilização de óleos em dietas avícolas tem uma série de outros benefícios, tais como uma melhor palatabilidade, melhor absorção e digestão de lipoproteínas e redução da formação de pó. Os óleos também ajudam na absorção de vitamina A, vitamina E e Ca (Leeson e Atteh, 1995). Nyquist et al. (2013) estudaram os efeitos da substituição da gordura animal fundida comummente utilizada como fonte alimentar de gordura saturada e óleo de soja como fonte de gordura insaturada por óleo de palma e óleo de palma vermelha em combinação com óleo de colza, óleo de linhaça e dois níveis de levedura enriquecida com selénio sobre o valor nutricional da carne de peito de frango. Recomendaram que a substituição da gordura animal por PO (óleo de palma) e RPO (óleo de palma vermelho) não tinha qualquer efeito negativo no valor nutricional do músculo do frango e, de acordo com os resultados do presente estudo, em combinação com LO (óleo de linhaça) poderia ser uma boa fonte alternativa de gordura para as dietas de frango. Outro estudo foi conduzido por Pekel et al (2012). Investigaram os efeitos de diferentes níveis de óleo de soja (SO) e caldo de sabão de girassol neutralizado (NSS) na qualidade da carne de frangos de carne. Os dados sugerem que a utilização de NSS em dietas de frangos de carne é possível até um nível de 6 % como substituto do SO.

Royan et al (2011) estudaram os efeitos do ácido linoleico conjugado (ALC), óleo de peixe, óleo de soja ou suas misturas (numa dose de 7% para alimentação única e 3,5% + 3,5% para alimentação mista) e uma dose de até 12% de óleo de palma no desempenho de frangos de carne e características de carcaça. Os resultados deste estudo mostraram que doses elevadas de óleo de peixe ou ALC podem reduzir o desempenho dos frangos de carne, mas a sua combinação com óleo de soja como uma fonte conhecida de ácidos gordos n-6 pode mitigar estes efeitos negativos. Com isto em mente, Azman et al (2004) investigaram os efeitos de quatro diferentes fontes de gordura no desempenho e composição em ácidos gordos da gordura abdominal, pele das coxas, músculo do peito e da coxa de frangos de carne. Óleo de soja (SO), gordura de aves (PG), sebo de vaca (BT) e uma mistura de óleo de soja e gordura de aves (SPG 1:1) foram utilizados como fontes de gordura. As dietas de SO resultaram num ganho de peso significativo, aumento do conteúdo de PUFA e diminuição do conteúdo de SFA nos tecidos de frangos de carne e estes resultados sugerem que as dietas de SO são benéficas para o desempenho de crescimento e qualidade de carcaça de frangos de carne. Da mesma forma, Abdulla et al (2015) avaliaram os efeitos de três dietas contendo 6% de óleos: Óleo de palma (PO), óleo de soja (SO) e óleo de linhaça (LO); e três níveis de cálcio (recomendação NRC, 1,25% e 1,50%) em dietas de frangos de carne e confirmaram que o PO pode ser utilizado como óleo vegetal em dietas de frangos de carne com efeitos positivos na firmeza da qualidade da carne em comparação com óleos vegetais ricos em ácido linoleico ou a-linolénico. Por outro lado, Das et al. (2014) investigaram o efeito da adição de óleo de palma em diferentes quantidades no rendimento de carne magra de frangos de carne. Indicaram que um teor de óleo de palma de até 4% na alimentação de frangos de carne aumenta o ganho de peso e a conversão alimentar (CF).

1.3. Aditivos alimentares

Os efeitos benéficos de algumas enzimas alimentares na

melhoria da disponibilidade de nutrientes e do desempenho animal são bem conhecidos (Bedford e Morgan, 1996). O trigo e a cevada podem conter níveis variáveis de polissacarídeos solúveis não amido que afectam o desempenho de frangos de carne jovens. Em regiões onde a indústria avícola utiliza estes grãos, as enzimas alimentares podem ser utilizadas para reduzir os seus efeitos (Annison e Choct, 1991).

O ácido fítico está presente em alguns alimentos e pode ligar minerais e proteínas, reduzindo a sua disponibilidade. Foi demonstrado que o suplemento da ração com a enzima fitase aumenta a digestibilidade das proteínas (Sebastian et al., 1997).

Zanella et al (1999) estudaram os efeitos da suplementação enzimática das dietas de milho e soja para frangos de carne e descobriram que a suplementação da dieta com uma mistura enzimática contendo amilase, protease e xilanase melhorou a digestibilidade dos nutrientes e o desempenho dos frangos de carne e a utilização desta mistura permitiu uma redução na formulação energética da dieta. Hassanein (2011) também estudou os efeitos da densidade animal e da suplementação alimentar nas características da carcaça dos frangos de carne. O maior ($p<0,05$) peso corporal (BW) e ganho de peso corporal (BWG) foram registados durante o período experimental a baixas densidades de povoamento das aves alimentadas com dietas contendo enzimas (SD7+A e SD8+A) em comparação com outros tratamentos. A ingestão de ração (FI) e o rácio de conversão alimentar (FCR) também foram melhorados com SD7+A e SD8+A em comparação com os outros tratamentos ($p<0,05$). O rendimento da carcaça foi aumentado a baixas densidades de estocagem por suplementação enzimática ($p<0,05$), sem qualquer efeito negativo sobre os órgãos digestivos.

Os suplementos enzimáticos comerciais são frequentemente utilizados para aumentar o valor nutricional das rações à base de trigo e de centeio porque estas rações contêm altos níveis de polissacáridos insolúveis e não amido, que causam uma elevada viscosidade da polpa digestiva (Lazaro et al., 2003). Além disso, foram relatados aditivos enzimáticos para rações de coquetel para melhorar a produtividade animal (Saleh et al., 2005) e a digestibilidade das dietas à base de farinha de milho e soja, o que, por sua vez, leva a uma menor viscosidade das rações ingeridas em frangos de carne (Olukosi et al., 2007). Com isto em mente, Zakaria et al (2010) investigaram os efeitos da adição de um aditivo alimentar comercial multi-enzimático (Tomoko, Biogenkoji Research Institute, Japão) no desempenho de frangos de carne. Verificaram que o suplemento enzimático não teve efeito significativo no consumo de ração (FI) após 21 dias, enquanto que após 42 dias as aves alimentadas com dietas T250 e Con consumiram significativamente mais ração do que as alimentadas com T500 e/ou T750. Não foram encontradas diferenças significativas no rácio de conversão alimentar (FCR). O peso corporal (BW) e o ganho de peso corporal (BWG) foram significativamente mais elevados nas aves alimentadas com Con após 42 dias ($p<0,05$). As características da carcaça não mostraram qualquer efeito significativo sobre o peso total da carcaça e/ou sobre a percentagem de penso, ou sobre o peso do peito, coxa e asas e a percentagem de penso. As dietas suplementadas com enzimas aumentaram significativamente ($p<0,05$) a percentagem de fígado em comparação com a dieta Con, enquanto que não foram encontradas diferenças significativas para o coração, moela e almofada de gordura na barriga. A adição de enzimas não teve qualquer efeito significativo nos traços de qualidade da carne (pH, perda de cozedura, capacidade de retenção de água, força de corte e características de cor). A análise química revelou uma percentagem significativamente (p<0,05) mais elevada de matéria seca (DM) e cinzas na carne do peito e uma percentagem significativamente (p<0,05) mais elevada de DM, cinzas e proteínas brutas (CP) na carne das coxas das aves alimentadas com Con. Em conclusão, a suplementação enzimática suscitou poucas respostas nas aves quando administrada a três níveis, em contraste com uma dieta normal de soja de milho. Além disso, Wang et al (2013) investigaram os efeitos da suplementação com fitase no desempenho de crescimento, desempenho no abate, crescimento de órgãos internos e intestino delgado, e índices bioquímicos sectoriais em frangos de carne. Os resultados mostraram que: 1) A suplementação com fitase aumentou o ganho de peso corporal e o peso corporal de frangos de carne Ross 308 (P < 0,05); 2) Em comparação com o grupo de controlo, a dieta contendo 0,02% de fitase aumentou a ração de carcaça eviscerada (P < 0.05); 3) A dieta suplementada com fitase podia melhorar o peso do fígado (P < 0,05); 4) A suplementação com fitase foi boa para o peso e comprimento do intestino delgado; 5) A suplementação com fitase melhorou a consistência do fósforo sérico (P) e diminuiu a consistência do soro de cálcio (Ca) foi de 0,02%.

Omojola et al (2014) estudaram o desempenho e características de carcaça de frangos de carne alimentados com farinha de soja (SBM) e farinha de sésamo/soja (SSBM) suplementada com ou sem fitase microbiana. Concluíram que a ração de gergelim/soja suplementada com 300 FTU/kg de fitase microbiana deveria ser preferida em relação à ração suplementada com enzimas de soja, uma vez que este regime alimentar resultou num óptimo ganho de peso e melhor FCR. Além disso, o efeito sinérgico da combinação na utilização de nutrientes era evidente, especialmente a um nível de 600 FTU/Kg. A utilização de nitrogénio e fósforo aumentou, o que significa que menos destes nutrientes foram excretados no ambiente. O efeito da suplementação com fitase na perda de cozedura e WHC é de grande importância para a indústria de processamento de aves de capoeira.

Referências

Abdulla, N. R., Loh, T.C., Akit, H., Sazili, A.Q., Foo, H.L., Mohamad, R., Abdul Rahim, R., Ebrahimi, M., Sabow, A.B. 2015. Perfil de ácidos gordos, colesterol e estado de oxidação no músculo peitoral de frangos de carne alimentados com diferentes fontes de óleo e níveis de cálcio. South African Journal of Animal Science. 45(2), 153163.

Annison, G., e Choct, M. 1991. Actividades antinutricionais de polissacarídeos não amido de cereais em dietas de frangos de carne e estratégias para minimizar os seus efeitos. O Poult do Mundo. Sci. J. 47: 232-242.

Azman, M.A., Konar, V. e Seven, P.T. 2004. Effects of different dietary fat sources on growth performances and carcass fatty acid composition of broiler chickens Revue Med. Vet. 156, 5, 278-286.

Bedford, M. R., e Morgan, A. J. 1996. O uso de enzimas na alimentação de aves de capoeira. O Poult do Mundo. Sci. J. 52:61-68.

Biehl, R. R., Baker, D. H. 1997. A fitase microbiana melhora a utilização de aminoácidos em pintos jovens alimentados com soja, mas não com farinha de amendoim. Ciência das aves de capoeira. 76: 355-360.

Carrol, O.P. 1998. aparar a gordura. O Mundo dos Ingredientes 18: 11-14.

Chizzolini, R., Zanardi, E., Dorigoni, V. e Ghidini, S. 1999. Valor calórico e teor de colesterol de carne e produtos cárneos normais e com baixo teor de gordura. Tendências em ciência e tecnologia alimentar 10(4-5): 119-128.

Das, G.B. Hossain, M.E. Islam, M.M. Akbar, M.A. 2014. Características de produção de carne de frangos de carne alimentados com diferentes níveis de óleo de palma. Bang. J. Animais. Sci. 43 (2): 112-117.

Hassanein, H. H. M. 2011. Desempenho de Crescimento e Rendimento de Carcaça de Frangos de Corte como Afectados pela Densidade de Stock e Promotores de Crescimento Enzimático. Asian Journal of Poultry Science. 5 (2): 94-101.

Gravel, A.K., VanHemert K.H.F., Sauer W.C. 2001. Efeito da fitase na digestibilidade de proteínas e aminoácidos e na utilização de energia. World Poult. Sci J. 57:109126.

Lazaro, R., Garda, M., Arambar, M.J., Mateos, G.G. 2003. Efeito da adição de enzimas às dietas à base de trigo, cevada e centeio sobre a digestibilidade dos nutrientes e o desempenho das galinhas poedeiras. British Poultry Science. 44, 256-265.

Leeson S. e Atteh J.O. 1995. Utilização de gorduras e ácidos gordos por cataplasmas de peru. Poult. Sci. 74, 20032010.

Nyquist, N. F. R0dbotten, R. Thomassen, M., Haug, A. 2013. O valor nutricional da carne de frango quando alimentada com óleo de palma vermelha, óleo de palma ou gordura animal fundida em combinação com óleo de linhaça, óleo de colza e dois teores de selénio. Lípidos na Saúde e na Doença, 12:69.1-13.

Olukosi, O.A., Cowieson, A.J., Adeola, O. 2007. Influência dependente da idade de um cocktail de xilanase, amilase e protease ou fitase individualmente ou em combinação em frangos de carne. Ciência das aves de capoeira. 86, 77-86.

Pekel, A. Y., Demirel, G., Midilli, M., Yalcintan, H., Ekiz, B., Alp, M. 2012. Comparação da qualidade da carne de frangos de carne alimentados com sabão de girassol neutralizado ou óleo de soja. Ciência das aves de capoeira. 91, 2361-2369.

Royan, M., Meng, G. Y., Othman, F., Sazili, A. Q. e Navidshad, B. 2011. Efeitos do ácido linoleico conjugado dietético (CLA), ácidos gordos n-3 e n-6 no desempenho e características de carcaça de frangos de carne African Journal of Biotechnology. 10(75), pp. 1737917384.

Saleh, F., Tahir, M., Ohtsuka, A., Hayashi, K. 2005. Uma mistura de celulase pura, hemicelulase e pectinase melhora o desempenho dos frangos de carne. British Poultry Science. 46, 602-606.

Sebastian, S., S. P. Touchburn, E. R. Chavez, e La'gue, P. C. 1997. Digestibilidade aparente de proteínas e aminoácidos em frangos de carne alimentados com uma dieta de feijão de milho suplementada com fitase microbiana. Poultry Sci. 76:1760-1769.

Wan Rosli, W.I., Babji, A.S. e Aminah, A. 2007. Perfil lipídico, digestibilidade aparente e relação de eficiência proteica de Sprague Dawley alimentado com gordura de palma vermelha. ASEAN Food Journal 14 (3): 153-160.

Wang, W., Wang, Z., Yang, H., Cao, Y., Zhu, X., Zhao, Y. 2013. Efeitos da suplementação com fitase no desempenho de crescimento, desempenho no abate, crescimento de órgãos internos e parâmetros bioquímicos do intestino delgado e do seum de frangos de carne. Open Journal of Animal. Ciência. 3(3): 236-241.

Zakaria, H. A. H., Mohammad, A. R. J., Abu Ishmais, M. A. 2010. A influência da alimentação multienzima suplementar no desempenho, características da carcaça e qualidade da carne de frangos de carne. International Journal of Poultry Science. 9 (2), 126-133.

Zanella, I., Sakomura, N. K., Silversides, F. G., Fiqueirdo, A. e Pack, M. 1999. Efeito da suplementação enzimática de dietas de frangos de carne à base de milho e soja. Ciência das aves de capoeira 78:561-568.

Capítulo 2

A influência das fontes de gordura e dos aditivos alimentares no desempenho de crescimento e nas características de carcaça dos frangos de carne

Sinopse

O objectivo deste capítulo é investigar os efeitos da utilização de diferentes óleos vegetais e aditivos alimentares em dietas de frangos de carne no desempenho de crescimento e características de carcaça de frangos de carne.

Palavras-chave: óleo vegetal, aditivos alimentares, características da carcaça e desempenho de crescimento.

2.1. Introdução

O frango é rico em proteínas e baixo em gordura e é considerado uma fonte importante de ácidos gordos polinsaturados (PUFA) com uma concentração superior de n-

PUFA (Howe et al., 2006).

Os frangos são considerados um modelo adequado para estudos de nutrição lipídica porque são muito sensíveis às mudanças de gordura na dieta. Muitos dos estudos realizados com frangos concentram-se no grau de saciedade ou no tipo de fonte de gordura na dieta e em como isto afecta o desempenho e a melhoria da qualidade das carcaças dos animais (Rymer and Givens, 2005).

A utilização de óleo de soja e de palma em rações de aves de capoeira teria subsequentemente um impacto positivo na saúde humana ao aumentar o teor de ácidos gordos 18:2 e 18:3 no produto animal sem afectar negativamente a qualidade da carne (Ayed et al., 2015).O óleo de palma pode ser utilizado como óleo vegetal em dietas de frangos de carne e tem efeitos positivos na firmeza da qualidade da carne em comparação com o óleo de soja e de linhaça (Abdulla et al., 2015).

Os suplementos de enzimas comerciais são frequentemente utilizados para aumentar o valor nutricional das dietas à base de trigo e de centeio porque estas dietas contêm altos níveis de polissacáridos insolúveis e não amido que causam uma elevada viscosidade no tracto digestivo (Lazaro et al., 2003). A inclusão de enzimas exógenas na ração tem demonstrado melhorar o desempenho dos frangos de carne. Contudo, o impacto na qualidade da carne tem ainda de ser determinado, uma vez que certos aditivos alimentares podem afectar a qualidade da carne (Wang, et al., 2013; Omojola, et al., 2014).

2.2. Desempenho de crescimento

Foram realizados vários estudos para avaliar os efeitos da alimentação de óleos vegetais com ou sem aditivos alimentares no desempenho dos frangos de carne. Por exemplo, Azman et al (2004) estudaram os efeitos de quatro fontes diferentes de gordura sobre o desempenho de frangos de carne. Verificaram que óleo de soja (SO), gordura de aves de capoeira (PG), sebo de vaca (BT) e uma mistura de óleo de soja e gordura de aves de capoeira (SPG 1: 1) foram utilizados como fontes de gordura. Neste estudo, os pintos alimentados com dietas contendo SO tinham um peso corporal e um ganho de peso diário significativamente mais elevados em comparação com os pintos alimentados com dietas contendo PG, BT e SPG (Quadro 2.1).

Table 2.1. Effect of dietary treatments on body weight, body weight gain, fed intake and feed conversion ratio in chicks

		SO	PG	BT	SPG	P
Body weight (g).	4 days	63.22 ± 2.48	63.00 ± 2.37	63.67 ± 1.48	63.17 ± 2.97	NS
	21 days	609.39 ± 81 a	481.40 ± 70 c	509.85 ± 70 b	456.36 ± 65 d	**
	35 days	1.554 ± 187 a	1.272 ± 210 c	1.378 ± 184 b	1.208 ± 212 d	**
	41 days	2.062 ± 248 a	1.684 ± 269 c	1.821 ± 249 b	1.638 ± 244 c	**
Weight gain (g).	4-21 days	30.35 ± 0.67 a	23.32 ± 1.18 bc	24.77 ± 0.58 b	21.86 ± 1.72 c	**
	22-35 days	62.74 ± 1.84 a	52.52 ± 1.75 c	57.53 ± 2.50 b	49.98 ± 1.78 c	**
	4-41 days	51.07 ± 1.77 a	41.11 ± 1.90 c	44.49 ± 1.31 b	39.92 ± 2.56 c	**
Food intake (g).	4-21 days	42.12 ± 0.98 a	30.16 ± 2.91 b	32.49 ± 2.31 b	28.09 ± 4.25 b	**
	22-35 days	117.75 ± 6.32 a	98.90 ± 8.42 b	111.71 ± 4.72 a	98.17 ± 11.23 b	**
	4-41 days	82.79 ± 3.62 a	65.11 ± 5.86 b	76.38 ± 1.41 a	63.63 ± 7.45 b	**
FCR (g feed/ g gain)	4-21 days	1.37 ± 0.03	1.29 ± 0.12	1.32 ± 0.08	1.28 ± 0.12	NS
	22-35 days	1.88 ± 0.11	1.88 ± 0.10	1.95 ± 0.13	1.96 ± 0.18	NS
	4-41 days	1.62 ± 0.05	1.58 ± 0.08	1.69 ± 0.12	1.56 ± 0.18	NS

a,b,c: Values in the same row and variable with no common superscript are significantly different ($P < 0.05$).

Ayed et al. (2015) também investigaram como a composição em ácidos gordos dos óleos (óleo de soja e de palma) se reflecte nos produtos e quais os seus efeitos no desempenho de crescimento dos frangos de carne. Foram determinados o consumo de ração, o peso corporal e o rendimento em gordura/carcaça do ventre. Todos os frangos mostraram um aumento significativo do peso corporal em comparação com a linha de base (40 g). A maior taxa de crescimento foi registada no grupo de controlo e a mais baixa nos frangos de carne alimentados com ração com óleo de soja. Não houve diferença significativa entre o grupo de controlo e o grupo alimentado com óleo de palma, o que sugere que

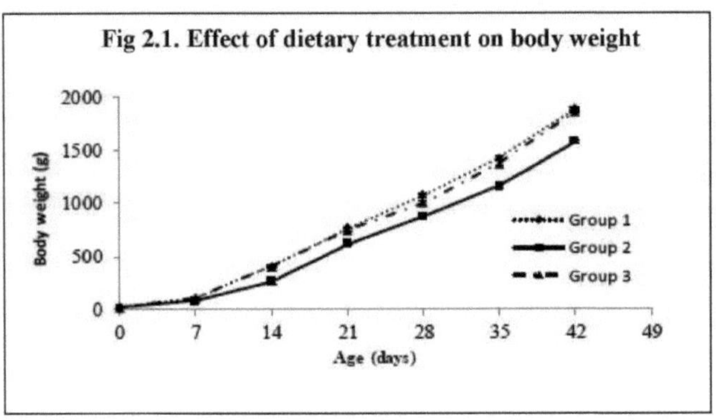

Fig 2.1. Effect of dietary treatment on body weight

O óleo de palma em rações de frango de carne não teve efeito adverso no peso corporal (Fig. 2.1).

Os dados mostram que a ingestão de ração na fase inicial (0-16 dias) não foi influenciada pela inclusão de óleo na ração, sugerindo que a composição em ácidos gordos da ração não tem influência no desempenho dos frangos de carne nesta idade. No entanto, nas fases seguintes, a ingestão de ração foi mais elevada em frangos alimentados com rações normais e óleo de palma do que em frangos alimentados com óleo de soja. Estes resultados sugerem que a adição de óleo de soja a rações de frangos de carne reduz a ingestão de ração (Fig. 2.2).

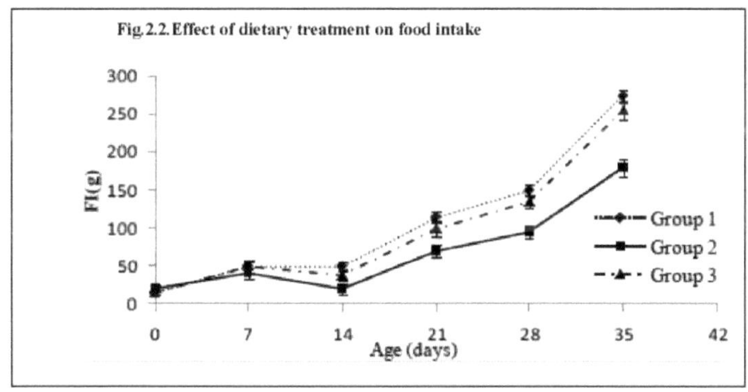

Mridula et al. (2011) investigaram os efeitos da farinha de linhaça no desempenho dos frangos de carne, características da carcaça, teor de ácido alfa-linolénico e propriedades organolépticas da carne de frango, numa experiência de 42 dias. Os frangos de carne foram divididos aleatoriamente em 4 grupos experimentais e alimentados com dietas isoenergéticas e iso-nitrogénicas contendo 0, 5, 10 e 15 % de farinha de linhaça. A farinha de linhaça não teve qualquer efeito sobre o peso corporal semanal dos pintos de frango de carne nas primeiras duas semanas, mas depois disso o peso corporal semanal aumentou sob a farinha de linhaça.

Grupos de farinhas. No final da 6ª semana, as aves alimentadas com 15% de farinha de linhaça apresentaram uma diminuição de 8% no peso corporal em comparação com o grupo de controlo. O grupo de controlo teve um ganho de peso significativamente maior com um consumo ligeiramente maior de ração e um melhor rácio de conversão alimentar (FCR), eficiência proteica (PER) e rácio de eficiência energética (EER) do que os grupos de farinha de linhaça. Entre os tratamentos, os animais dos grupos de 5 e 10 por cento de farinha de linhaça tiveram um FCR, PER e EER significativamente melhor do que os do grupo de 15 por cento de farinha de linhaça. Os dados de traços de carcaça indicaram uma redução significativa no peso eviscerado e no rendimento mamário com 15% de farinha de linhaça na dieta em comparação com os outros grupos de dieta (Quadro 2.2).

Quadro 2.2. Efeito da suplementação com linhaça no desempenho de crescimento acumulado de pintos de frango

Parameters	Level of flaxseed meal in diet (%)			
	0	5	10	15
Body weight gain, (g)				
Phase-I	662.65±15.41^{a}	646.56±28.60^{a}	605.11±21.86^{b}	594.88±12.20^{b}
Phase-II	1,487.77±14.91^{a}	1,401.27±20.99^{b}	1,430.06±38.39^{ab}	1,379.19±40.70^{b}
Overall body weight gain	2,150.42±18.17^{a}	2,047.83±37.77^{b}	2,035.17±16.56^{bc}	1,974.07±51.81^{c}
Feed Consumption (g)				
Phase -I	1,168.19±23.38	1,168.40±13.77	1,171.15±11.23	1,167.44±5.93
Phase -II	3,069.60±18.01	3,060.19±8.38	3,058.64±7.28	3,057.34±20.85
Overall feed consumption	4,237.79±20.39	4,228.59±14.74	4,229.78±17.27	4,224.77±24.87
Feed conversion ratio (FCR)				
Phase-I	1.76±0.058^{b}	1.81±0.06^{b}	1.94±0.085^{a}	1.96±0.037^{a}
Phase-II	2.06±0.030^{b}	2.18±0.027^{a}	2.14±0.057^{ba}	2.22±0.050^{a}
Overall FCR	1.97±0.007^{c}	2.07±0.031^{b}	2.08±0.015^{b}	2.14±0.043^{a}
Protein efficiency ratio (PER)				
Phase-I	2.58±0.085^{a}	2.50±0.082^{a}	2.35±0.101^{b}	2.31±0.044^{b}
Phase-II	2.42±0.035^{a}	2.28±0.029^{b}	2.33±0.063^{ab}	2.25±0.052^{b}
Overall PER	2.46±0.008^{a}	2.35±0.035^{b}	2.34±0.016^{b}	2.27±0.046^{c}
Energy efficiency ratio (EER)				
Phase-I	5.10±0.168^{b}	5.24±0.175^{b}	5.60±0.246^{a}	5.62±0.107^{a}
Phase-II	6.00±0.088^{b}	6.35±0.080^{a}	6.22±0.166^{ab}	6.44±0.146^{a}
Overall EER	5.72±0.021^{c}	6.00±0.091^{b}	6.03±0.042^{b}	6.19±0.124^{a}

Values in each cell are mean±SD; values bearing different superscripts in a row differ significantly ($p<0.05$); Phase I: 0-3 weeks; Phase II: 4-6 weeks

Outro estudo foi conduzido por Diarra et al. (2015). Investigaram a utilização de uma dieta baseada em farinha de mandioca e farinha de copra por frangos de carne. No total, foram utilizados para a experiência frangos de carne Cobb com noventa e seis dias de idade. Os resultados mostraram que as aves alimentadas com a dieta teste tinham um peso corporal final mais baixo ($P < 0,05$), menor ingestão diária de ração, menor ganho diário e um rácio de ganho de ração inferior ao das aves alimentadas com a dieta de controlo comercial, mas o custo de alimentação para a produção de carne era mais baixo ($P < 0,05$) com a dieta teste. As aves alimentadas com a dieta comercial tinham rendimentos mais elevados ($P < 0,05$) em carcaças e carne de peito, enquanto que os rendimentos das coxas e pernas não foram afectados pela dieta ($P > 0,05$). Não houve efeitos de tratamento ($P > 0,05$) nos pesos do fígado, coração e ceco, mas as aves alimentadas com a dieta de teste tiveram maiores ($P < 0,05$) pesos de pâncreas, moela e intestino delgado. As aves alimentadas com a dieta de controlo comercial depositaram mais gordura ($P < 0,05$) do que as alimentadas com a dieta de teste. Concluiu-se que as rações à base de farinha de mandioca de copra podem ser utilizadas para reduzir os custos de produção de carne e o teor de gordura abdominal e, assim, a qualidade da carne dos frangos de carne (Tab.2.3).

Table 2.3. Growth performance of broiler chickens fed a CF or a cassava copra meal-based finisher (CCMF).

Variables	CF	CCMF	SEM
Initial weight (g/bird)	722.00	721.25	0.87[NS]
Final weight (g/bird)	2247.10[a]	1764.00[b]	108.96*
Daily feed intake (g/bird)	149.13[a]	132.17[b]	3.82*
Daily weight gain (g/bird)	72.63[a]	49.63[b]	5.18*
FCR (feed: gain)	2.05[b]	2.66[a]	0.14*
Cost of kg feed (WST$)	1.76	1.02	NA
Feed cost (WST$/kg live weight)	3.61[a]	2.71[b]	0.17*
Mortality (number)	0	0	NA

SEM, standard error of the mean; NS, not significant ($P > 0.05$).
WST$ 1 = $ 0.45 at the time of the experiment.
[a,b]Means within the row with different superscripts differ significantly ($P < 0.05$).
*Significant ($P < 0.05$).

Tavarez et al. (2011) avaliaram os efeitos da ingestão de antioxidantes e da qualidade do óleo no desempenho dos frangos de carne. Verificaram que o peso corporal e o ganho de peso foram aumentados pela alimentação com antioxidantes (P < 0,01) e óleo fresco (P < 0,01). A ingestão de alimentos foi também maior nas aves alimentadas com antioxidantes (P = 0,05) e nas aves alimentadas com óleo fresco (P = 0,06). G:F foi influenciado pela ingestão de óleo (P < 0,01), com as aves alimentadas com óleo oxidado tendo G:F mais pobre do que as alimentadas alimentado com óleo fresco (Quadro 2.4). O antioxidante não teve efeito sobre G:F (P = 0,267). A redução do peso corporal e ganhos em frangos de carne alimentados com óleo oxidado era de esperar, uma vez que a ingestão e conversão alimentar foram reduzidas nestas aves .

Com isto em mente, Horvatovic et al. (2015) estudaram a

Table 2.4.Effect of antioxidant and oil quality on broiler growth performance1 (1-39 d)

Treatment[2]	BW (g)	BW gain (g)	Feed intake (g)	G:F (g:g)
Antioxidant				
None	2,743	2,705	5,023	0.543
Added	2,810	2,772	5,112	0.547
Oil type				
Fresh	2,862	2,824	5,110	0.557
Oxidized	2,690	2,653	5,026	0.532
SED[3]	23.72	23.71	43.21	0.004
Antioxidant × oil				
FOA	2,876	2,838	5,137	0.556
FO	2,848	2,811	5,082	0.557
OOA	2,743	2,706	5,088	0.537
OO	2,636	2,599	4,964	0.528
SED[3]	33.54	33.54	61.11	0.005
P-value				
Antioxidant	0.008	0.008	0.047	0.267
Oil	<0.001	<0.001	0.062	<0.001
Antioxidant × oil	0.107	0.106	0.434	0.182

[1]Data are means of 12 pens of 24 broilers/pen.

[2]FOA = fresh oil with antioxidant; FO = fresh oil without antioxidant; OOA = oxidized oil with antioxidant; OO = oxidized oil without antioxidant.

[3]Standard error of the mean difference; largest reported.

resposta de desempenho de frangos de carne alimentados com dietas com diferentes níveis de farinha de girassol e com ou sem suplemento de enzimas durante as fases de criação e acabamento, e descobriram que os efeitos da suplementação enzimática no ganho de peso na fase de criação eram evidentes (Quadro 2.5).

A adição de farinha de girassol a 6 e 8% na dieta de criação não teve qualquer efeito no desempenho de crescimento, mas com 10 e 16% na dieta de acabamento, o ganho de peso foi significativamente afectado. O ganho de peso melhorou estatisticamente ao longo do período experimental com o suplemento enzimático na ração. Nem a farinha de girassol nem o suplemento enzimático tiveram efeito no consumo de ração (g/dia). Não houve efeito significativo da farinha de girassol ou do suplemento enzimático sobre os parâmetros avaliados.

Table2.5. Effects of different dietary inclusion levels of sunflower meal and of enzyme supplementation on feed intake, body weight gain, and feed conversion ratio of broilers.

period		Treatment			enzyme		SEM	Probability		
	days	control	I	II	-	+		Diet	enzyme	D*E
					Feed intake (g/bird)					
grower	14-21	578	592	571	584	577	8.37	0.608	0.725	0.952
	22-28	911	897	910	897	910	10.22	0.660	0.554	0.882
finisher	29-35	1200	1180	1216	1182	1214	12.24	0.510	0.231	0.700
	36-42	1279	1274	1283	1269	1289	13.88	0.986	0.507	0.377
	14-42	3970	3939	3980	3934	3992	29.89	0.835	0.326	0.691
					Weight gain (g/bird)					
grower	14-21	377	411	384	380	402	12.26	0.539	0.412	0.979
	22-28	604	568	592	573	603	8.63	0.225	0.049	0.943
finisher	29-35	585	576	571	584	571	9.82	0.759	0.456	0.005
	36-42	583	505	552	535	558	5.50	0.012	0.227	0.667
	14-42	2149	2060	2099	2071	2134	16.87	0.062	0.039	0.290
					Feed conversion ratio					
grower	14-21	1.492	1.433	1.511	1.517	1.441	0.03	0.551	0.226	0.929
	22-28	1.512	1.544	1.587	1.582	1.514	0.02	0.267	0.049	0.650
finisher	29-35	2.047	2.036	2.061	2.006	2.090	0.03	0.933	0.159	0.026
	36-42	2.309	2.561	2.376	2.443	2.386	0.04	0.027	0.437	0.781
	14-42	1.850	1.913	1.896	1.901	1.871	0.02	0,271	0.362	0.562

Por outro lado, Omojola et al. (2014) estudaram o desempenho e as características de carcaça de frangos de carne alimentados com farinha de soja (SBM) e farinha de gergelim/soja (SSBM) suplementada com ou sem fitase microbiana (Tab.2.6). Os dados mostraram que não houve diferença significativa (P >0,05) entre os tratamentos em termos de peso inicial. O peso final dos animais alimentados com fitase microbiana foi significativamente mais elevado (P<0,05) do que o dos animais alimentados com a dieta de controlo correspondente para cada tipo de alimentação. Os resultados da presente experiência mostraram que os frangos de carne alimentados com dietas contendo fitase tiveram melhor desempenho em termos de ganho de peso e FCR.

Table2.6.Effect of phytase supplementation on performance of broilers fed soybean and sesame/soybean based diets

Parameters	Treatments							
	Soybean			Sesame/Soybean				
	T1	T2	T3	T4	T5	T6	SEM	P-Val
Initial weight (g)	162.00	161.00	160.15	160.00	162.80	162.50	1.95	0.685
Final weight (g)	1557.50^{e}	1670.00^{de}	1767.50^{cd}	1862.50^{bc}	2212.50^{a}	2020.00^{b}	56.06	0.000
Weight gain g/day	33.50^{e}	37.13^{cd}	38.33^{c}	40.83^{bc}	48.60^{a}	44.23^{b}	1.30	0.000
Feed intake/day	92.65^{b}	93.23^{b}	96.95^{ab}	96.95^{ab}	101.98^{a}	97.53^{ab}	1.77	0.019
*FCR	2.79^{a}	2.52^{b}	2.50^{b}	2.38^{bc}	2.08^{d}	2.21^{cd}	0.07	0.000

Means with different superscripts in the same row differ significantly (P<0.05)
**Feed Conversion Ratio*
T_1 and T4 = Control diets for soybean and sesame/soybean diets with 0 unit of phytase
T2 and T3 = Treatments for soybean meal diets with 300 and 600 units of phytase
T5 and T6 = Treatments for sesame/soybean with 300 and 600 units of phytase

Das et al. (2014) investigaram os efeitos da adição de diferentes quantidades de óleo de palma no rendimento de carne magra de frangos de carne. Os resultados mostraram que o ganho de peso dos frangos de carne após 2 semanas diferiu significativamente (p<0,05) entre os grupos de tratamento (Quadro 2.7). O ganho de peso do grupo de 4% de óleo de palma foi mais elevado (p<0,05) do que o do grupo de 5% de óleo de alimentação na semana 2. Na semana 5, os ganhos de peso dos grupos sem óleo e 5% de óleo eram semelhantes (p>0,05).

Table 2.7.Live weight gain (g/bird/wk) of broilers fed different levels of palm oil.

Age (wk)	Dietary treatments					Sig. level
	Control	2.0% Palm oil	3.0% Palm oil	4.0% Palm oil	5.0% Palm oil	
1	93.22	96.33	102.88	100.27	94.85	NS
2	240.07[ab]	237.88[ab]	244.35[a]	252.73[a]	223.07[b]	*
3	381.81	392.58	397.23	412.95	374.33	NS
4	473.46	486.73	523.14	512.70	497.88	NS
5	477.17	529.83	464.03	465.63	477.82	NS
Cumulative weight gain						
1 to 4	1188.32	1213.53	1267.61	1278.65	1190.13	NS
1 to 5	1665.74	1743.37	1731.64	1744.28	1667.95	NS

*Means with different superscript(s) in the same row differed significantly; NS, non-significant; *, p<0.05)*

A ingestão de alimentos foi significativamente diferente na 2ª semana (p<0,05). Os frangos de carne que receberam 5% de óleo de palma consumiram a menor quantidade de ração em comparação com os outros grupos (Tab.2.8). Não foram encontradas diferenças significativas entre os tratamentos em termos de conversão alimentar ao longo do período experimental.

Table 2.8. Feed intake (g/broiler) of broilers fed different levels of palm oil

Age (wk)	Dietary treatments					Sig.
	Control	2.0% Palm oil	3.0% Palm oil	4.0% Palm oil	5.0% Palm oil	
1	159.17	152.42	155.32	154.25	144.77	NS
2	375.05[a]	375.85[a]	370.17[a]	381.72[a]	333.33[b]	*
3	675.03	694.98	692.03	692.96	710.25	NS
4	936.38[ab]	997.17[bc]	1000.62[bc]	1035.22[c]	864.67[a]	**
5	1051.12	1058.01	1106.42	1008.7	1093.75	NS
Cumulative feed intake						
1 to 4	2145.62[ab]	2169.96[a]	2218.13[a]	2264.15[a]	2053.02[b]	*
1 to 5	3181.55	3260.10	3307.43	3279.24	3152.42	NS

*Means with different superscript(s) in the same row differed significantly; *, $p<0.05$; **, $p<0.01$; NS, non-significant*

Royan et al (2011) estudaram os efeitos do ácido linoleico conjugado (CLA), óleo de peixe (FO), óleo de soja (SO) ou as suas misturas (7% para alimentação única e 3,5% + 3,5% para misturas) e óleo de palma (PO) numa dose até 12% sobre o desempenho e características de carcaça de frangos de carne. Verificaram que durante a fase de criação, o ganho de peso corporal das aves alimentadas com PO dieta foi superior ao dos outros tratamentos ($P < 0,05$), enquanto que as aves alimentadas com SO, CLA + SO ou PO dieta tiveram um ganho de peso comparável na fase de acabamento, que foi superior ao dos outros tratamentos ($P < 0,05$). As dietas FO e CLA foram mais eficazes na redução do ganho de peso na fase de criação e de acabamento, respectivamente ($P < 0,05$). O consumo de ração das aves alimentadas com dietas FO foi menor ($P < 0,05$) na fase de recria e durante todo o período experimental (10º a 42º dia) do que nos outros grupos. Na fase de criação, as dietas contendo uma mistura de CLA e FO resultaram numa maior ingestão de alimentos do que as dietas contendo CLA ou óleo de peixe separadamente (P < 0,05); contudo, na fase de acabamento, a diferença só foi observada em comparação com a dieta contendo 7% de óleo de peixe (P < 0,05).

O melhor FCR foi alcançado com a dieta PO, pelo que a diferença foi significativa em comparação com todas as dietas contendo CLA (P < 0,05). As dietas contendo ALC resultaram nos piores valores de FCR tanto na fase de criação como de acabamento (P < 0,05), mas ao longo do ensaio, o FCR foi menos afectado para as dietas CLA + SO (Tab.2.9).

Table 2.9. Effects of dietary fat type on performance traits of broiler chickens.

Treatment	Grower phase (10-28 days)				Finisher phase (29-42 days)				Total experiment (10-42 days)		
	BW (g)	DWG (g/b/d)	DFI (g/b/d)	FCR	BW (g)	DWG (g/b/d)	DFI (g/b/d)	FCR	DWG (g/b/d)	DFI (g/b/d)	FCR
PO[1]	1080^{a}	54.27^{a}	80.40^{a}	1.49^{d}	2260^{a}	72.4^{a}	139.5^{ab}	1.92^{c}	51.3^{a}	83.7^{ab}	1.63^{d}
SO	970^{b}	46.81^{bc}	77.22^{ab}	1.65^{cd}	2078^{b}	67.7^{ab}	132.2^{abc}	1.96^{c}	47.1^{b}	80.6^{ab}	1.71^{cd}
FO	590^{e}	24.16^{e}	52.52^{c}	2.17^{a}	1554^{e}	58.8^{c}	114.9^{c}	1.95^{c}	34.5^{c}	63.8^{c}	1.85^{c}
CLA	790^{d}	35.87^{d}	72.42^{b}	2.02^{ab}	1650^{c}	50.9^{d}	141.9^{ab}	2.79^{a}	36.2^{c}	81.3^{ab}	2.24^{a}
CLA+SO	980^{b}	47.12^{bc}	78.56^{a}	1.67^{c}	2086^{b}	69.1^{ab}	149.7^{a}	2.17^{b}	47.0^{b}	86.1^{a}	1.83^{c}
CLA+FO	900^{c}	43.79^{c}	82.98^{a}	1.90^{b}	1982^{b}	63.1^{bc}	148.2^{a}	2.36^{b}	43.6^{b}	87.3^{a}	2.01^{b}
FO+SO	1020^{b}	49.6^{b}	78.16^{ab}	1.57^{cd}	2018^{b}	62.3^{bc}	122.5^{bc}	1.97^{c}	45.7^{b}	75.6^{b}	1.66^{d}
SEM	7.5	0.45	0.71	0.02	17	0.93	3.4	0.02	0.5	1.11	0.02

$^{a\text{-}d}$Means with different superscripts within column differ significantly at $P<0.05$. CLA used in this experiment was CLA LUTA60 which contains 60% CLA, then 7% and 3.5% dietary inclusion of CLA will be equal to 4.2 and 2.1%, respectively; PO[1] = diet containing palm oil; SO = diet containing 7% soybean oil; FO = diet containing 7% fish oil; CLA = diet containing 4.2% CLA; CLA+SO = diet containing 2.1% CLA + 3.5% soybean oil, CLA + FO = diet containing 2.1% CLA + 3.5% fish oil, FO+SO = diet containing 3.5% fish oil + 3.5% soybean oil. BW, body weight; DWG, daily weight gain; DFI, daily feed intake; FCR, feed conversion ratio.

2.3. características da carcaça

Os efeitos das fontes de óleo vegetal e dos aditivos alimentares nas dietas de frangos de carne nas características das carcaças têm sido investigados em muitos estudos. Por exemplo, Zakaria et al (2010) investigaram o efeito de um aditivo alimentar comercial multi-enzimático (Tomoko, Biogenkoji Research Institute, Japão) sobre os traços de carcaça e mostraram que não houve um efeito significativo sobre o peso

Table2.10. Carcass characteristics-whole carcass, breast, thighs and wings

	Carcass		Breast		Thighs		Wings		Abdominal fat	
Characteristic	(g)	DP (%)[1]	(g)	(%)[1]	(g)	(%)[1]	(g)	(%)[1]	(g)	(%)
Diets[2]										
Con	1153.13	69.83	297.50	25.77	336.25	29.27	126.87	11.02	24.06	2.1[illegible]
T250	1085.00	69.37	315.63	29.16	338.13	31.25	130.00	12.09	22.19	2.1[illegible]
T500	1045.63	69.58	298.25	28.76	332.50	32.07	125.62	12.15	26.56	2.5[illegible]
T750	1098.13	70.54	311.25	28.28	315.63	28.72	124.36	11.33	24.38	2.1[illegible]
SEM	33.960	0.593	14.056	1.175	10.534	1.043	3.267	0.343	2.394	0.2[illegible]
Diet effect	NS	NS	NS	NS	NS	0.08	NS	0.08	NS	NS
Contrasts										
Con vs. Enz	0.04	NS	NS	0.04	NS	NS	NS	0.05	NS	NS

a-c Means with varying superscripts differ significantly (p<0.05).

[1]DP: dressing %. [2]Diets: Con, control, T250: Tomoko enzyme at a rate of 250 g/tonne, T500: Tomoko enzyme at 500 g/tonne, T750: Tomoko enzyme at 750 g/tonne

total da carcaça e/ou percentagem de curativos e peso da mama, coxa e asa e percentagem. As rações suplementadas com a enzima aumentaram significativamente (p<0,05) a percentagem de fígado em comparação com a ração Con,

Table2.11. Effect of antioxidant inclusion and oil quality on broiler carcass characteristics

Treatment[1]	Carcass weight (g)	Live weight[3] (g)	Dressing[4] (%)	Breast yield[5] (%)	Ultimate pH	L*[6]	a*[7]	b*[8]	Drip loss (%)	Cook loss (%)	Shear force (kg)
Antioxidant											
None	2,335	3,260	71.63	20.03	5.69	53.57	1.80	4.98	0.34	16.44	0.96
Added	2,373	3,315	71.57	20.13	5.71	51.73	1.58	5.06	0.33	18.28	1.03
Oil type											
Fresh	2,416	3,354	72.03	20.09	5.70	52.80	1.67	5.75	0.35	16.56	1.00
Oxidized	2,293	3,221	71.18	20.07	5.70	52.51	1.71	4.29	0.32	18.16	0.99
SED[9]	29.30	34.35	0.54	0.26	0.03	0.61	0.13	0.27	0.03	1.18	0.07
Antioxidant × oil											
FOA	2,443	3,397	71.91	20.16	5.69	51.85	1.68	5.84	0.34	17.11	1.05
FO	2,389	3,311	72.14	20.02	5.71	53.75	1.67	5.66	0.36	16.01	0.95
OOA	2,304	3,233	71.23	20.09	5.70	51.61	1.49	4.28	0.32	19.44	1.01
OO	2,282	3,209	71.12	20.04	5.70	53.39	1.93	4.29	0.31	16.86	0.97
SED[9]	41.43	48.58	0.76	0.37	0.05	0.87	0.19	0.38	0.05	1.67	0.10
P-value											
Antioxidant	0.202	0.121	0.906	0.708	0.625	0.005	0.119	0.754	0.770	0.178	0.390
Oil	<0.001	<0.001	0.126	0.931	0.938	0.634	0.806	<0.001	0.357	0.198	0.907
Antioxidant × oil	0.600	0.380	0.748	0.850	0.797	0.926	0.102	0.738	0.694	0.558	0.749

[1]Data are means of 12 pens of 5 broilers/pen.

enquanto não foram encontradas diferenças significativas para o coração, moela e almofada de gordura do ventre.

Tavarez et al. (2011) avaliaram também os efeitos da ingestão de antioxidantes e da qualidade do óleo nas características da carcaça dos frangos de carne. Verificaram que a adição de antioxidantes à dieta não teve qualquer efeito sobre o peso da carcaça (P = 0,20). Pelo contrário, os frangos alimentados com óleo fresco tinham carcaças mais pesadas (P < 0,01) do que os frangos alimentados com óleo oxidado (Quadro 2.11). No entanto, a qualidade do óleo não influenciou a percentagem de tempero (P = 0,12).

Da mesma forma, Omojola et al (2014) investigaram as características das carcaças de frangos de carne alimentados com farinha de soja (SBM) e farinha de sésamo/soja (SSBM) suplementada com ou sem fitase microbiana (Quadro 1.9). Os dados obtidos a partir desta experiência mostraram que os pintos alimentados com farinha de sésamo/sojaja suplementada com fitase tinham pesos mamários mais elevados (P<0,05) do que os pintos alimentados com farinha de soja. Isto deve-se provavelmente ao equilíbrio de metionina e lisina na ração de sésamo/soja e ao elevado teor energético da ração, e não apenas ao efeito da fitase microbiana (Quadro 2.12).

Table 2. 12. Yield of carcass parts of meat type chicken fed phytase supplemented diets (% live weight).

Parameters	Treatments							
	Soybean			Sesame/Soybean				
	T1	T2	T3	T4	T5	T6	SEM	P-Val
Breast	24.18[c]	24.42[c]	26.41[bc]	26.89[bc]	29.89[a]	27.74[b]	1.05	0.038
Thigh	16.77	15.33	16.57	16.25	17.44	15.37	0.77	1.154
Drum stick	15.46	14.75	15.79	14.26	15.12	13.74	0.44	2.981
Back	21.74	22.87	21.13	20.99	20.46	22.89	1.18	0.754
Wing	11.25	12.26	12.40	11.29	11.41	11.64	0.35	2.023

Means along the same row with similar superscripts are not significantly different ($P > 0.05$)
T_1 and T4 = Control diets for soybean and sesame/soybean diets with 0 unit of phytase
T2 and T3 = Treatments for soybean meal diets with 300 and 600 units of phytase
T5 and T6 = Treatments for sesame/soybean with 300 and 600 units of phytase

Das et al. (2014) também investigaram o efeito da adição de diferentes quantidades de óleo de palma no rendimento de carne magra de frangos de carne. Os resultados mostraram que, com excepção da moela, carne de asa e carne escura, as características de produção de carne não diferiram (p>0,05) entre frangos de carne alimentados com diferentes quantidades de óleo de palma na dieta. A adição de óleo aumentou significativamente (p<0,05) o peso da carne escura a um nível de 3%. O rendimento de abate dos frangos de carne aumentou com o aumento da suplementação com óleo de palma até um nível de 4%. No entanto, o rendimento de carne foi mais baixo com uma suplementação de 5%. Resultados semelhantes foram observados para a carne de peito. A percentagem de carne das coxas aumentou progressivamente com a suplementação com óleo de palma até 3%; tendeu a diminuir a níveis mais elevados (Quadro 2.13).

Table 2.13. Meat yield characteristics of broilers

Parameter	Dietary treatments					Sig.
	Control	2.0% Palm oil	3.0% Palm oil	4.0% Palm oil	5.0% Palm oil	
Live wt.	1770.33	1837	1812	1838	1787	NS
Dressed wt.	90.87	91.46	91.99	91.97	90.14	NS
Total meat wt.	34.03	32.09	34.01	30.08	31.94	NS
Breast meat wt.	15.441	13.21	13.91	14.24	13.60	NS
Dark meat wt.	17.74[b]	17.99[b]	20.16[a]	17.74[b]	17.12[c]	*
Breast dark meat	0.87	0.73	0.69	0.81	0.80	NS
Thigh meat wt.	9.25	9.54	10.34	8.92	8.59	NS
Drumstick meat wt.	5.80	5.66	6.29	5.73	5.47	NS
Wing meat wt.	2.70[c]	2.80[c]	3.53[a]	3.09[b]	3.06[b]	*
Abdominal fat wt.	1.40	1.92	2.09	2.23	2.22	NS
Liver wt.	2.61	2.90	2.77	2.66	2.71	NS
Heart wt.	0.49	0.52	0.55	0.53	0.56	NS
Gizzard wt.	2.09[a]	1.89[b]	1.56[bc]	1.65[bc]	1.38[c]	**
Thigh bone wt.	1.50	1.34	1.47	1.34	1.42	NS
Drumstick bone wt.	2.22	1.92	1.99	2.03	2.17	NS
Wing bone wt.	1.96	1.92	1.99	2.07	2.01	NS
Skin wt.	8.87	9.34	8.46	9.98	8.95	NS
Head wt.	2.49	2.52	2.48	2.47	2.56	NS
Neck wt.	1.92	1.85	1.80	1.81	1.98	NS
Shank wt.	4.29	4.27	4.28	3.83	4.26	NS
Feather wt.	4.92	4.29	3.92	4.23	4.33	NS
Blood wt.	4.21	4.25	4.08	3.80	5.53	NS
Digestive tract wt.	6.59	6.73	6.82	6.56	6.64	NS

*Means with different superscript(s) in the same row differed significantly; NS, non-significant; *, $p<0.05$, **, $p<0.01$*

Além disso, Royan et al. (2011) avaliaram os efeitos do ácido linoleico conjugado (CLA), óleo de peixe (FO), óleo de soja (SO) ou as suas misturas (ao nível de 7% para dose única e 3,5% + 3,5% para misturas) e até 12% de dosagem de óleo de palma (PO) nas características de carcaça de frangos de carne (Quadro 2.14).

As aves alimentadas com PO ou CLA + SO tinham uma maior percentagem de carcaça do que as alimentadas com CLA, FO ou a mistura de CLA + FO ($P < 0,05$). As aves alimentadas com CLA + SO tinham uma maior produção de peito em comparação com as aves alimentadas com CLA + FO e uma produção significativamente maior de coxas do que os outros tratamentos excepto a dieta PO ($P < 0,05$). A dieta CLA resultou num aumento significativo do peso do fígado ($P < 0,05$), e foi observada uma deposição significativamente maior de gordura abdominal nos frangos de carne alimentados com a dieta PO ($P < 0,05$).

Table2.14.Carcass parameters as a percent of live weight of the experimental birds.

Parameter	Carcass	Breast	Thigh	Liver	Fat pad
PO[1]	59.6^{a}	22.1^{ab}	19.5^{ab}	2.1^{c}	2.4^{a}
SO	58.1^{ab}	20.9^{ab}	18.9^{bc}	2.3^{bc}	1.9^{b}
FO	54.5^{c}	18.1^{c}	18.1^{c}	2.6^{b}	2.0^{b}
CLA	56.3^{bc}	20.3^{b}	18.3^{c}	3.3^{a}	2.1^{b}
CLA+SO	60.3^{a}	22.6^{a}	20.0^{a}	2.4^{bc}	2.1^{b}
CLA+FO	56.3^{bc}	21.2^{ab}	18.4^{c}	2.6^{b}	2.1^{b}
FO+SO	58.5^{ab}	20.8^{ab}	18.2^{c}	2.3^{bc}	2.1^{b}
SEM	*0.31*	*0.25*	*0.13*	*0.04*	*0.08*

$^{a\text{-}d}$Means with different superscripts within column differ significantly at $P<0.05$. CLA used in this experiment was CLA LUTA[60] which contains 60% CLA, then 7 and 3.5% dietary inclusion of CLA will be equal to 4.2 and 2.1% respectively. PO[1] = diet containing palm oil; SO = diet containing 7% soybean oil; FO = diet containing 7% fish oil; CLA = diet containing 4.2% CLA; CLA+SO = diet containing 2.1% CLA+3.5% Soybean oil; CLA+FO = diet containing 2.1% CLA + 3.5% fish oil; FO + SO = diet containing 3.5% fish oil + 3.5% soybean oil.

Referências

Abdulla, N. R., Loh, T.C., Akit, H., Sazili, A.Q., Foo, H.L., Mohamad, R., Abdul Rahim, R., Ebrahimi, M., Sabow, A.B. 2015. Perfil de ácidos gordos, colesterol e estado de oxidação no músculo peitoral de frangos de carne alimentados com diferentes fontes de óleo e níveis de cálcio. South African Journal of Animal Science. 45(2), 153163.

Ayed, H. B., Attia, H., Ennouri, M. 2015. Efeito da alimentação fortificada com óleo no desempenho de crescimento e qualidade da carne de frangos de carne. Técnicas Avançadas em Biologia e Medicina. 4, 1- 4.

Azman, M.A., Konar, V. e Seven, P.T. 2004. Effects of different dietary fat sources on growth performances and carcass fatty acid composition of broiler chickens Revue Med. Vet 156, 5, 278-286.

Das, G.B. Hossain, M.E. Islam, M.M. Akbar, M.A. 2014. Características de produção de carne de frangos de carne alimentados com diferentes níveis de óleo de palma. Bang. J. Animais. Sci. 43 (2): 112-117.

Diarra, S. S., Sandakabatu, D., Perera, D., Tabuaciri, P. &

Mohammed, U. 2015. Growth performance and carcass yield of broiler chickens fed commercial finisher and cassava copra meal based diets, Journal of Applied Animal Research, 43:3, 352-356.

Horvatovic MP, Glamocic D, Zikic D, Hadnadjev TD. 2015. Desempenho e Algumas Funções Intestinais dos Alimentadores de Frangos de Corte com Diferentes Níveis de Inclusão de Refeição de Girassol e Suplementados ou Não com Enzimas. Brazilian Journal of Poultry Science.17(1):25-30.

Howe, P., Meyer, B., Record S., Baghurst, K. 2006. Ingestão dietética de ácidos gordos polinsaturados de cadeia longa ®-3: contribuição das fontes de carne. Nutrição. 22, 47-53.

Lazaro, R., Garda, M., Arambar, M.J., Mateos, G.G. 2003. Efeito da adição de enzimas às dietas à base de trigo, cevada e centeio sobre a digestibilidade dos nutrientes e o desempenho das galinhas poedeiras. British Poultry Science. 44, 256-265.

Mridula, D., Daljeet Kaur, S. Nagra,S. Barnwal,P. Sushma Gurumayum e Singh, K. K. 2011. desempenho de crescimento, características da carcaça e qualidade da carne em frangos de carne alimentados com farinha de linhaça. Asian-Aust. J. Anim. Sci. 24(12):1729-1735.

Omojola, A. B., Otunla, T. A., Olusola, O. O. O., Adebiyi, O. A., Ologhobo, A. D. 2014. Desempenho e Características de Carcaça de Frango de Corte Ração de Soja e Sésamo/Alimento à base de Soja Suplementadas com ou sem Fitose Microbiana. American Journal of Experimental Agriculture.4 (12), 1637-1648.

Royan, M., Meng, G. Y., Othman, F., Sazili, A. Q. e Navidshad, B. 2011. Efeitos do ácido linoleico conjugado dietético (CLA), ácidos gordos n-3 e n-6 no desempenho e características de carcaça de frangos de carne African Journal of Biotechnology. 10(75), pp. 1737917384.

Rymer, C., Givens, D.I. 2005. Enriquecimento dos tecidos comestíveis das aves com ácidos gordos ómega 3: Uma revisão. Lípidos. 40, 121-130.

Tavarez , M. A. Boler , D. D. Bess , k. N. Zhao , J. Yan, F. , Dilger , A. C. Mckeith , F. k. e Killefer, J. 2011. effect of antioxidant addition and oil quality on broiler performance, meat quality and lipid oxidation Poultry Science. 90: 922-930.

Wang, W., Wang, Z., Yang, H., Cao, Y., Zhu, X., Zhao, Y. 2013. Efeitos da suplementação com fitase no desempenho de crescimento, desempenho no abate, crescimento de órgãos internos e parâmetros bioquímicos do intestino delgado e do seum de frangos de carne. Open Journal of Animal Science. (3), 236-241.

Zakaria, H. A. H., Mohammad, A. R. J., Abu Ishmais, M. A. 2010. A influência da alimentação multienzima suplementar no desempenho, características da carcaça e qualidade da carne de frangos de carne. International Journal of Poultry Science. 9 (2), 126-133.

Capítulo 3

Características de qualidade da carne de frango de carne alimentada com diferentes tipos de óleos vegetais e aditivos alimentares

Sinopse

O objectivo deste capítulo era discutir o efeito dos óleos vegetais com ou sem a adição de aditivos alimentares em dietas de engorda de frango no perfil de ácidos gordos da carne de frango e investigar os efeitos destes óleos e aditivos alimentares nas características de qualidade da carne, tais como medições de cor, pH, perda na refrigeração e na cozedura.

Palavras-chave: óleo vegetal, aditivos alimentares, qualidade da carne e perfil dos ácidos gordos.

3.1. Introdução

A alimentação das aves de capoeira é um dos aspectos mais importantes da produção avícola. O fornecimento de rações económicas e equilibradas é, portanto, necessário para a criação rentável de aves de capoeira. As gorduras são a principal fonte de energia para as aves de capoeira e têm o maior valor calórico de todos os nutrientes (Anjum et al., 2004). A carne de aves de capoeira contém alto e baixo teor de gordura total e, mais importante ainda, níveis mais elevados de ácidos gordos monoinsaturados e polinsaturados (MUFA e PUFA) do que outras carnes (Howe et al., 2006). Actualmente, os consumidores estão a prestar mais atenção aos seus alimentos, especialmente aos aspectos nutricionais. Entre os aspectos nutricionais dos alimentos, o teor de gordura e o perfil dos ácidos gordos são os factores mais importantes (Bostami, et al., 2017). Os óleos vegetais são normalmente utilizados como fonte de energia na dieta dos pintos de frango (Jalali et al., 2015).

Os benefícios da utilização de óleos em dietas avícolas incluem a redução de pó de ração, aumento da absorção e hidrólise de lipoproteínas que fornecem os ácidos gordos essenciais (Nobakht et al., 2011). O teor de ácidos gordos da carne de frango depende do tipo de dieta consumida pelas aves (Crespo & Esteve-Garcia, 2002).

Enzimas como a fitase microbiana são utilizadas como aditivos alimentares comerciais na produção de frangos de carne para melhorar o valor nutricional das rações à base de plantas. A inclusão de enzimas exógenas em dietas para animais mostrou melhorar o desempenho dos frangos de carne (Wang, et al., 2013), mas o impacto na qualidade da carne ainda tem de ser determinado, uma vez que certos aditivos alimentares têm demonstrado afectar o desempenho e as características da carcaça (Omojola, et al., 2014).

3.2. Perfil de ácidos gordos

O perfil dos ácidos gordos é importante para a qualidade dos lípidos utilizados e para a absorção destes lípidos pelas aves de capoeira, e também influencia a qualidade da gordura depositada na carcaça do frango (Baiao & Lara 2005).Zaki et al. (2018a) investigaram os efeitos da alimentação de frangos de carne com diferentes óleos vegetais e aditivos alimentares sobre as características de qualidade da carne de frango.

Um total de 216 pintos de um dia de idade da estirpe Hubbard foram aleatoriamente atribuídos a seis tratamentos dietéticos sob a forma de um (2^x 3) desenho factorial combinando duas fontes de óleo com três níveis de suplementos alimentares comerciais multi-enzimáticos. Os tratamentos foram: apenas óleo de soja (T1), óleo de soja + ZAD (T2), óleo de soja + AmPhi-BACT (T3), apenas óleo de palma (T4), óleo de palma + ZAD (T5) e óleo de palma + AmPhi- BACT (T6). Os resultados mostraram que a alimentação de frangos de carne com diferentes tipos de óleos alimentares teve efeitos significativos no perfil de ácidos gordos da carne de frango (Quadro 3.1). A relação UFA/SFA dos frangos de carne alimentados com óleo de palma foi significativamente mais baixa em comparação com os alimentados com óleo de soja. Os frangos de carne alimentados com óleo de soja tinham uma relação n-6:n-3 significativamente mais elevada do que os frangos de carne alimentados com óleo de palma. Independentemente da fonte do óleo comestível, foram encontradas diferenças significativas no perfil de ácidos gordos da carne de frango entre os diferentes níveis de aditivos alimentares comerciais multienzimáticos.

Table 3.1. Fatty acid composition (% of total fatty acids) of broiler chicken meat.

Fatty acids		T1	T2	T3	T4	T5	T6	SEM
Caproic acid	C6:0	1.18	-	-	-	-	-	
Caprlyic acid	C8:0	-	-	-	-	-	0.33	
Capric acid	C10:0	-	-	-	-	-	0.73	
Lauric acid	C12:0			0.13	0.16	0.16	1.80	
Myristic acid	C14:0	0.67^{a}	2.00^{b}	0.79^{ed}	1.31^{c}	0.88^{d}	3.62^{a}	0.06
Pentadecanoic acid	C15:0	-	0.43	0.25	0.15	0.18	1.0	
Palmitic acid	C16:0	24.70^{b}	21.39^{e}	23.34^{cd}	33.60^{a}	22.66^{d}	23.99^{cb}	0.37
Heptadecanoic acid	C17:0	0.20^{d}	0.34^{c}	0.48^{b}	0.40^{c}	0.40^{c}	1.13^{a}	0.01
Stearic acid	C18:0	5.50^{d}	5.96^{cd}	6.31^{bc}	6.42^{bc}	6.89^{b}	10.19^{a}	0.24
Arachidic acid	C20:0	-	0.25	0.14	0.71	0.20	0.33	
Behenic acid	C22:0	-	-	-	0.50	-	-	
∑SFA		32.25^{b}	30.54^{c}	31.44^{bc}	43.25^{a}	31.38^{bc}	43.14^{a}	0.49
Tetradecenoic acid	C14:1ω5	-	-	-	0.15	-	-	
	C15:1ω6	-	-	-	-	-	0.38	
Palmiticoleic acid	C16:1ω9	4.56	0.27	0.16	-	0.13	0.20	
	C16:1ω7		3.55	3.89	1.57	3.53	2.80	
	C16:1ω5		0.36	-	-	-	-	
Oleic acid	C18:1ω9	37.30^{a}	29.46^{d}	36.94^{a}	32.39^{c}	33.49^{b}	31.81^{c}	0.35
Vaccinic acid	C18:1ω7	2.39^{c}	3.91^{a}	2.89^{b}	2.39^{c}	3.00^{b}	0.48^{d}	0.06
Gadolic acid	C20:1ω9	0.23	0.96	-	0.40	0.30	0.66	
Eicosaenoic acid	C20:1ω11	-	-	0.27	-	-	-	
	C20:1ω7	-	-	-	-	-	0.40	
Eicosaenoic acid	C20:1ω5	-	-	-	-	-	0.25	
Docosenoic acid	C22:1ω11	0.20	0.10	0.26	-		-	
	C22:1ω9	-	-	-	0.24	-	-	
∑MUFA		44.68^{a}	38.60^{c}	44.41^{a}	37.15^{d}	40.44^{b}	36.96^{d}	0.36
	C16:2ω4	-	0.36	-	0.16	-	-	
	C18:2ω5	-	0.21	-	0.36	-	0.22	
Linoleic acid	C18:2ω6	22.00^{b}	24.98^{a}	22.62^{b}	14.39^{d}	25.19^{a}	16.62^{c}	0.32
	C18:2ω4	0.20					0.21	
	C20:2ω6	0.17	0.67	0.18	-	0.12	0.55	
Decatrienoic acid	C16:3ω4	-	0.21	0.11	0.64	0.15	0.21	
γ linolenic acid	C18:3ω6		0.71	0.11	0.13	0.17	0.37	
Linolenic acid	C18:3ω3	0.73^{d}	1.57^{a}	0.72^{d}	1.20^{b}	1.16^{b}	0.89^{c}	0.03
α octadectetraenoic	C18:4ω3	-	-	-	0.27	-	0.30	
Eicosatrienoic acid	C20:3ω6	-	0.51	-	-	0.13	0.36	
Arachidonic acid	C20:4ω6	-	1.10	0.40	0.36	0.42	0.52	
Eicosapentaenoic	C20:5ω3	-	0.16	-	1.06	0.17	-	
∑PUFA		23.30^{c}	30.45^{a}	24.14^{c}	18.29^{e}	27.51^{b}	20.27^{d}	0.39
∑UFA		67.84^{a}	69.05^{a}	68.55^{a}	55.44^{b}	67.96^{a}	57.16^{b}	0.63
UFA/SFA		2.10^{b}	2.25^{a}	2.17^{ab}	1.27^{c}	2.16^{b}	1.32^{c}	0.02
MUFA/ SFA		1.38^{a}	1.25^{b}	1.40^{a}	0.85^{c}	1.28^{b}	0.85^{c}	0.02
PUFA/ SFA		0.72^{d}	0.99^{a}	0.76^{c}	0.42^{f}	0.87^{b}	0.46^{e}	0.01
∑ω6		22.17^{d}	27.91^{a}	23.31^{c}	14.89^{f}	26.03^{b}	18.80^{e}	0.34
∑ω3		0.73^{d}	1.74^{b}	0.72^{d}	2.23^{a}	1.33^{bc}	1.20^{c}	0.13
n-6:n-3		30.55^{a}	16.25^{bc}	32.47^{a}	6.88^{d}	19.60^{b}	15.68^{c}	1.15
Non identified		0	0.52	0.01	1.20	0.04	0	

a-e means within the same column with different superscripts letters are different ($p<0.05$). T1, T2 and T3: Treatments for soybean oil/ soybean oil with ZAD 0.5kg/ton and soybean oil with AmPhi-BACT 0.5kg/ton. T4, T5andT6: Treatments for palm oil/ palm oil with ZAD 0.5kg/ton and palm oil with AmPhi-BACT 0.5kg/ton. Means ± standard deviation. SEM: standard error of means.

Abdulla et al (2015) também estudaram os efeitos de três rações contendo 6% de óleos: Óleo de palma (PO), óleo de soja (SO) e óleo de linhaça (LO); e três níveis de cálcio (recomendação NRC, 1,25% e 1,50%) no perfil de ácidos gordos e constatou que a composição de ácidos gordos do músculo peitoral reflectia o perfil de ácidos gordos da dieta experimental (Quadro 3.2). Os principais ácidos gordos detectados no músculo peitoral e influenciados pelo óleo de alimentação foram C18:1n-9, C18:2n-6 e C18:3n-3. A concentração de ácido oleico (C18:1 n-9) na carne de frangos de carne alimentados com PO (T1, T2, T3) foi significativamente mais elevada do que nos grupos alimentados com SO (T4, T5, T6) e LO (T7, T8, T9). A percentagem de ácido palmítico (C16:0) na carne de frangos de carne alimentados PO aumentou em comparação com os alimentados SO e LO. Não existem diferenças significativas entre o teor de cálcio e a interacção entre a fonte de gordura e o teor de cálcio da proporção de ácidos gordos ómega-6 e ómega-3 no peito de frango. Além disso, Ayed et al. (2015) investigaram como a composição em ácidos gordos dos óleos (óleo de soja e de palma) afecta o teor de ácidos gordos da gordura do ventre.

Table 3.2. Fatty acid composition (% of total identified fatty acids) of the starter diet.

Fatty acid	PO[1]			SO			LO			SEM[9]
	Ca1[2]	Ca2	Ca3	Ca1	Ca2	Ca3	Ca1	Ca2	Ca3	
C14:0	0.7	0.7	0.8	0.1	0.1	0.1	0.1	0.1	0.1	0.06
C16:0	31.4	31.9	32.6	11.6	11.6	11.8	8.0	8.1	8.3	2.06
C16:1n-7	0.2	0.2	0.2	0.1	0.1	0.1	0.1	0.1	0.2	0.01
C18:0	3.8	3.9	4.0	4.4	4.5	4.5	3.7	3.6	3.7	0.07
C18:1n-9	40.0	38.6	38.8	24.3	23.7	24.4	21.3	21.8	22.2	1.48
C18:2n-6	23.5	22.4	22.5	52.9	53.3	52.6	26.9	27.5	27.7	2.58
C18:3n-3	1.4	1.3	1.3	6.6	6.7	6.5	40.0	38.8	37.8	3.25
SFA[3]	32.4	32.8	33.6	12.8	11.7	12.0	8.2	8.3	8.5	2.13
UFA[4]	67.6	66.2	66.4	88.2	88.3	88.0	91.8	91.7	91.5	2.13
MUFA[5]	42.8	42.5	42.7	28.7	28.2	28.9	24.9	25.4	25.9	1.47
PUFAn-3[6]	1.4	1.3	1.3	6.6	6.7	6.5	40.0	38.8	37.8	3.25
PUFAn-6[7]	23.5	23.4	22.5	52.9	53.3	52.6	26.9	27.5	27.7	2.58
n-6 : n-3 ratio[8]	17.0	17.7	17.8	8.0	7.9	8.1	0.7	0.7	0.7	1.35
UFA : SFA	2.1	2.0	2.1	7.5	7.5	7.3	11.2	11.1	10.7	0.72
PUFA : SFA	0.8	0.8	0.7	5.0	5.1	4.9	8.2	8.0	7.7	0.58

[1] PO: 6% palm oil in diet, SO: 6% soybean oil in diet, LO: 6% linseed oil in diet.

[2] Ca1: 1% calcium and 0. 45% available phosphorus; Ca2: 1.25% calcium and 0. 56% available phosphorus; Ca3: 1.50% calcium and 0.67% available phosphorus.

[3] Total saturated fatty acid = sum of C14:0 + C16:0 + C18:0.

[4] Total unsaturated fatty acid = sum of C16:1 + C18:1n-9 + C18:2n-6 + C18:3n-3 + C20:4n-6 + C20:5n-3 + C22:5n-3 + C22:6n-3.

[5] Total mono unsaturated fatty acid = sum of C16:1 + C18:1n-9.

[6] Polyunsaturated fatty acid n-3 = sum of C18:3n-3 + C20:5n-3 + C22:5 n-3 + C22:6n-3.

[7] Polyunsaturated fatty acid n-6 = sum of C18:2n-6 + C18:3n-6 + C20:4n-6.

[8] Polyunsaturated fatty acid n-6: polyunsaturated fatty acid n-3= (C18:2n-6 + C18:3n-6 + C20:4n-6) ÷ (C18:3n-3 + C20:5n-3 + C22:5n-3 + C22:6n-3).

[9] SEM: standard error of means.

Da mesma forma, Azman et al. (2004) estudaram os efeitos de quatro diferentes fontes de gordura na composição em ácidos gordos da gordura abdominal, pele das coxas, músculo do peito e da coxa de frangos de carne. Óleo de soja (SO), gordura de aves de capoeira (PG), sebo de vaca (BT) e uma mistura de óleo de soja e gordura de aves de capoeira (SPG 1: 1) foram utilizadas como fontes de gordura. O SO causou alterações acentuadas nos padrões de ácidos gordos ao diminuir significativamente o SFA na pele e gordura abdominal e ao aumentar significativamente o PUFA (principalmente ácido linoleico) na pele, gordura abdominal e músculo peitoral (Quadro 3.3). Por outro lado, a BT resultou numa acumulação crescente de ácidos gordos saturados na pele da coxa e na gordura abdominal e numa diminuição significativa de PUFA na pele, gordura e músculo. Nos músculos das coxas e mamas do grupo PG-fed, os ácidos oleicos foram significativamente aumentados. Em conclusão, a alimentação de frangos de carne com misturas específicas de ácidos gordos pode alterar significativamente a composição da gordura da carcaça.

Table 3.3. Effects of fat sources on performance and carcass fatty acid

Fatty acid	SO	PG	BT	SPG
C14:0	1.36	0.99	3.90	0.98
C16:0	19.73	25.22	25.25	23.26
C16:1	3.68	ND	3.99	3.02
C18:0	3.93	3.69	10.39	4.75
C18.1	19.03	31.92	29.80	36.34
C18:2	44.45	23.82	18.56	24.62
C18:3	2.06	2.18	1.43	2.47
Total	94.25	87.82	93.33	95.44
Undetected	5.75	12.18	6.67	4.56
SFA[1]	25.02	29.90	39.54	28.99
MUFA[2]	22.71	31.92	33.79	39.36
PUFA[3]	46.51	26.00	19.99	27.09
(MUFA+PUFA):SFA	2.77	1.94	1.36	2.29
PUFA:SFA	1.86	0.87	0.50	0.93

ND : No detectable ; [1] SFA : saturated fatty acids ; [2] MUFA : monounsaturated fatty acids ; [3] PUFA : polyunsaturated fatty acids.

Nyquist et al. (2013) também investigaram os efeitos de diferentes fontes de gordura saturada e insaturada nas dietas de frango sobre o valor nutricional da carne de peito. A composição em ácidos gordos da carne de peito nos diferentes grupos pode ser largamente atribuída à composição dos óleos utilizados nas respectivas dietas. Os frangos dos grupos contendo óleo de soja (SO) tinham níveis significativamente mais elevados de n-6 LA, enquanto que os grupos contendo gordura animal fundida (FR) + óleo de linhaça (LO) tinham os níveis mais baixos de n-6 LA no músculo peitoral. O teor de ácido alfa-linolénico era cerca de três vezes mais elevado nos grupos que continham tanto LO como óleo de colza RO e mais baixo nos grupos que continham SO. Estes valores reflectiram-se nos rácios LA: ALA, dado que os grupos contendo SO tinham o rácio LA: ALA mais elevado em comparação com os grupos contendo LO, independentemente dos óleos dietéticos com que o LO era combinado. O rácio de AA para EPA era cerca de dez vezes superior nos grupos que continham SO.

A soma de PUFA foi mais alta nos grupos de dieta SO e FR+LO +RO, enquanto a dieta FR + LO produziu os níveis mais baixos de PUFA no músculo peitoral. Os grupos de dieta SO foram dominados pelos PUFAs n-6, em comparação com os grupos de dieta LO, onde os PUFAs n-3 representavam a maioria dos PUFAs. Para os PUFAs LC-PUFAs houve diferenças significativas entre os grupos de dieta SO e LO na composição de ácidos gordos da carne do peito (Tabela 3.4).

Table 3.4. Fatty acid composition of experimental diets.

Diet	1	2	3	4	5	6	7	8	9	10	11	12
Oil	FR + SO	FR + LO	PO + LO	RPO + LO	FR + LO + RO	PO + LO + RO	FR + SO	FR + LO	PO + LO	RPO + LO	FR + LO + RO	PO + LO + RO
Se level	Low	Low	Low	Low	Low	Low	High	High	High	High	High	High
14:0	1.0	1.3	0.6	0.6	1.0	0.5	1.0	1.3	0.6	0.6	1.0	0.5
16:0	17.5	18.2	28.1	28.9	15.3	22.4	17.4	18.1	28.0	28.5	15.3	22.2
18:0	8.2	10.2	3.4	3.5	7.9	2.9	8.0	10.1	3.3	3.5	7.9	2.9
16:1n-9	1.2	1.6	0.2	0.2	1.2	0.2	1.2	1.6	0.2	0.2	1.2	0.2
18:1n-9	27.1	28.1	30.3	29.4	31.5	32.9	26.9	28.1	30.2	29.8	31.5	32.9
18:2n-6	35.2	19.7	21.7	21.7	21.4	23.3	35.7	19.8	21.8	21.7	21.4	23.2
18:3n-3	4.0	14.2	13.5	13.4	15.8	15.2	4.0	14.3	13.6	13.5	15.8	15.5
LA/ALA	8.8	1.4	1.6	1.6	1.4	1.5	8.9	1.4	1.6	1.6	1.4	1.5
SFA*	26.6	29.7	32.0	33.0	24.2	25.8	26.4	29.6	31.9	32.6	24.2	25.6
MUFA**	28.2	29.7	30.4	29.6	32.7	33.0	28.1	29.7	30.3	29.9	32.7	33.1
PUFA***	39.2	33.9	35.2	35.2	37.2	38.4	39.7	34.1	35.4	35.2	37.3	38.6

Linoleic acid (LA) alpha-linolenic acid (ALA) *SFA: 14:0, 16:0, 18:0; **MUFA: 16:1n-9, 18:1n-9; ***PUFA: 18:2n-6, 18:3n-3.
g/100 g fatty acid methyl ester (% FAME)

O conteúdo AA na carne do peito dos grupos SO era quase duas vezes mais elevado do que nos outros grupos de dieta. As quantidades de EPA, DPA e DHA encontradas nos grupos de dieta SO eram mais baixas em comparação com os grupos de dieta LO. Esta diferença reflectiu-se no total de n-3 LC PUFAs encontrados na carne de peito de frango, uma vez que os grupos de dieta LO tinham todos níveis significativamente mais elevados destes ácidos gordos em comparação com os grupos SO.

Num outro estudo, Ayed et al. (2015) investigou como a composição em ácidos gordos dos óleos (óleo de soja e de palma) se reflecte nos produtos e que impacto tem no ácido gordo da carne de frango. Verificaram que os ácidos gordos monoinsaturados (MUFA) constituem a maior proporção de ácidos gordos na carne de carcaça, sendo o ácido oleico o componente predominante. Isto poderia ser explicado pelo facto de o ácido oleico ser o ácido gordo predominante em todas as dietas (Quadro 3.5). O teor de ácidos gordos polinsaturados (ácido linoleico e linolénico) era significativamente mais elevado ($p<0.05$) no grupo alimentado com uma ração contendo óleo de soja. Este resultado mostra claramente que a maioria dos principais ácidos gordos da dieta foram depositados em quantidades significativas como gordura de carcaça.

Table 3.5.: Fatty acids compositions of abdominal fat, %.

Fatty acids	Group 1	Group 2	Group 3
Lauric C12:0	Nd	Nd	Nd
Myristic C14:0	0.40	0.35	0.47
Palmitic C16: 0	23.97	21.50	24.10
Palmitoleic C16 :1	5.31	4.56	4.78
Stearic C 18:0	5.50	6.54	5.80
Oleic C 18:1	43.99	40.58	43.01
Linoleic C 18:2	18.02	23.43	19.95
Linolenic C 18:3	0.70	1.49	0.76
Arachidonic C20:0	0.22	0.22	0.23
SFA	30.09	28.61	30.60
MUFA	49.30	45.18	47.79
PUFA	18.72	24.92	20.70

Nd: Non detected
SFA: saturated fatty acids.
MUFA: monounsaturated fatty acids
PUFA: Polyunsaturated fatty acids
Groups I fed by standard ration without oil inclusion; Group II fed by ration containing soybean oil; Group III fed by ration containing palm oil.

O aumento do teor de ácido linoleico e linolénico é mais pronunciado porque estes ácidos são prontamente absorvidos e depositados no depósito de gordura da galinha. O óleo de soja não só levou a um forte aumento dos ácidos linoleico e linolénico nas gorduras de carcaça, como também reduziu a quantidade de ácidos gordos saturados.

3.3. Qualidade do frango

Os efeitos da alimentação com diferentes óleos vegetais e aditivos alimentares na qualidade da carne de frango, incluindo pH, cor, perda de cozedura, força de corte e capacidade de retenção de água, têm sido investigados em muitos estudos. Por exemplo, Pekel et al. (2012) avaliaram os efeitos do tipo e quantidade de gordura alimentar na qualidade da carne de frango de carne. A fonte de gordura dietética não teve qualquer efeito na perda de cozedura e força de cisalhamento na carne de peito. No entanto, a perda de cozedura foi reduzida pelo maior teor de gordura na dieta ($P < 0,05$). Esta menor perda de cozedura na carne do peito com aumento do teor de gordura dietética pode ser atribuída aos diferentes valores de pH. Embora a perda de cozedura tenha diminuído com o aumento do teor de gordura na dieta, não houve diferenças significativas entre as fontes de gordura. Não foram encontradas interacções significativas ou efeitos principais para os valores de força de corte no estudo actual.

Isto mostra que a gordura dietética de ambas as fontes até 6 % não tem um efeito negativo na sensibilidade.

As características de cor da carne do peito (valores L*, a* e b*) não foram influenciadas pela fonte de gordura na dieta em nenhum dos dias de medição (armazenamento a 4°C durante 0, 1, 2 e 5 dias). O teor de gordura alimentada aos animais (2, 4 ou 6 %) não teve influência significativa nos valores L* da carne do peito em qualquer dos dias de medição.

Relativamente aos efeitos do teor de gordura, a carne de peito de aves alimentadas com a dieta mais elevada em gordura (6%) teve valores a* significativamente superiores nos últimos dois dias de medição (dias 2 e 5; $P < 0{,}05$ e $P < 0{,}01$). Foram observados efeitos significativos do teor de gordura nos valores b* de carne de peito em todos os dias de medição, excepto no 5º dia, indicando valores significativamente mais baixos de carne de peito de frango b* com teores mais elevados de gordura na dieta. Valores superiores de b* em carne de peito de aves alimentadas com baixo teor de gordura poderiam ser devidos a baixos valores de pH (24 h) determinados nas mesmas amostras de carne.Por outro lado, Zakaria et al. (2010) investigaram o efeito da adição de um suplemento alimentar comercial multi-enzimático na qualidade da carne de frango de carne (Quadro 3.6). Verificaram que a adição de enzimas não afectava a qualidade da carne de frangos de carne.

Table 3.6. Meat quality traits-pH, cooking Loss, water holding capacity, shear force and color attributes (L, a and b).

Quality trait	pH	CL[1] (%)	WHC[1] (%)	SF[1] (kg/cm^2)	L[2]	a[2]	b[2]
Diets[3]							
Con	6.11	29.70	23.59	3.15	52.25	1.78	18.26
T250	6.16	28.57	23.78	3.04	50.03	1.92	16.23
T500	6.20	29.53	28.25	2.99	51.74	2.56	19.54
T750	6.18	29.13	25.69	2.72	48.47	2.55	19.26
SEM	0.047	1.776	2.055	0.456	1.583	0.656	2.055
Diet effect	NS	NS	0.08	NS	NS	NS	NS
Contrasts							
Con vs. Enz	NS	NS	NS	NS	NS	NS	NS

[1]CL: Cooking Loss, WHC: Water Holding Capacity, SF: Shear Force

[2]L: Lightness, a: Redness, b: Yellowness.

[3]Diets: Con, control, T250: Tomoko enzyme at a rate of 250 g/tonne, T500: Tomoko enzyme at 500 g/tonne, T750: Tomoko enzyme at 750 g/tonne

Descobriram que a adição de enzimas não teve efeito significativo nos traços de qualidade da carne (pH, perda de cozedura, capacidade de retenção de água, força de cisalhamento e cor). Da mesma forma, Tavarez et al (2011) avaliaram o efeito da adição de antioxidantes e qualidade do óleo na qualidade da carne de frango e relataram que foram observados efeitos diferentes do tipo de óleo e adição de antioxidantes na cor do peito. A ligeireza (L*) foi reduzida pela adição de antioxidantes (P = 0,01), mas permaneceu inalterada pelo tipo de óleo. Inversamente, a gritosidade (b*) foi aumentada pela adição de óleo oxidado (P < 0,01), mas permaneceu inalterada pela adição de antioxidantes. O

Alterações numéricas em cada um destes parâmetros, no entanto, podem ser demasiado pequenas para serem detectadas pelos consumidores. A vermelhidão (a*) permaneceu inalterada em ambos os tratamentos. Além disso, não houve qualquer efeito do tipo de óleo ou antioxidante na perda por gotejamento, perda de

Table 3.7. Effect of antioxidant inclusion and oil quality on broiler carcass characteristics and meat quality1 (43 d).

Treatment[2]	Carcass weight (g)	Live weight[3] (g)	Dressing[4] (%)	Breast yield[5] (%)	Ultimate pH	L*[6]	a*[7]	b*[8]	Drip loss (%)	Cook loss (%)	Shear force (kg)
Antioxidant											
None	2,335	3,260	71.63	20.03	5.69	53.57	1.80	4.98	0.34	16.44	0.96
Added	2,373	3,315	71.57	20.13	5.71	51.73	1.58	5.06	0.33	18.28	1.03
Oil type											
Fresh	2,416	3,354	72.03	20.09	5.70	52.80	1.67	5.75	0.35	16.56	1.00
Oxidized	2,293	3,221	71.18	20.07	5.70	52.51	1.71	4.29	0.32	18.16	0.99
SED[9]	29.30	34.35	0.54	0.26	0.03	0.61	0.13	0.27	0.03	1.18	0.07
Antioxidant × oil											
FOA	2,443	3,397	71.91	20.16	5.69	51.85	1.68	5.84	0.34	17.11	1.05
FO	2,389	3,311	72.14	20.02	5.71	53.75	1.67	5.66	0.36	16.01	0.95
OOA	2,304	3,233	71.23	20.09	5.70	51.61	1.49	4.28	0.32	19.44	1.01
OO	2,282	3,209	71.12	20.04	5.70	53.39	1.93	4.29	0.31	16.86	0.97
SED[9]	41.43	48.58	0.76	0.37	0.05	0.87	0.19	0.38	0.05	1.67	0.10
P-value											
Antioxidant	0.202	0.121	0.906	0.708	0.625	0.005	0.119	0.754	0.770	0.123	0.390
Oil	<0.001	<0.001	0.126	0.931	0.938	0.634	0.806	<0.001	0.357	0.198	0.907
Antioxidant × oil	0.600	0.380	0.748	0.850	0.797	0.926	0.102	0.738	0.694	0.558	0.749

[1]Data are means of 12 pens of 5 broilers/pen.

[2]FOA = fresh oil with antioxidant; FO = fresh oil without antioxidant; OOA = oxidized oil with antioxidant; OO = oxidized oil without antioxidant.

cozedura ou força de corte do peito de frango (Quadro 3.7).

Por outro lado, Omojola et al. (2014) investigaram as características de qualidade da farinha de soja (SBM) e da farinha de gergelim/sojaja (SSBM) alimentada com carne de frango suplementada com ou sem fitase microbiana

(Quadro3.8). Verificou-se que não houve efeito significativo

(P>0,05) da suplementação de fitase nos valores de perda de frio e de força de corte. A suplementação enzimática teve um efeito negativo no WHC, uma vez que diminuiu com o aumento dos níveis de fitase em ambos os regimes alimentares. O rendimento de cozedura da carne depende da perda de cozedura, enquanto que a perda de cozedura é uma função do valor do WHC. A percentagem de perda de cozedura determinada nesta experiência aumentou com o aumento do conteúdo enzimático, indicando um rendimento mais baixo no grupo suplementado por enzimas.

Table 3.8. Meat attributes of broilers fed phytase supplemented diets.

Parameters**	Treatments							
	Soybean			Sesame/Soybean				
	T1	T2	T3	T4	T5	T6	SEM	P-Val
Chilling loss (%)	2.38	3.10	2.16	1.95	3.24	2.45	0.84	0.612
Shear Force (Kg/Cm^3)	3.22	3.18	3.50	3.96	3.71	3.84	0.36	0.686
Cooking loss (%)	28.61^{b}	31.11^{ab}	32.29^{ab}	25.27^{c}	32.49^{ab}	35.56^{a}	2.02	0.038
Water Holding Capacity (%)	65.16^{a}	60.89^{b}	58.31^{bc}	62.26^{ab}	58.38^{bc}	57.48^{c}	4.58	0.042

Means along the same row with similar superscripts are not significantly different (P > 0.05).
*** Measurement was the average values for thigh, drumstick and the breast muscles.*
T1 and T4 = Control diets for soybean and sesame/soybean diets with 0 unit of phytase
T2 and T3 = Treatments for soybean meal diets with 300 and 600 units of phytase
T5 and T6 = Treatments for sesame/soybean with 300 and 600 units of phytase

Ayed et al. (2015) investigaram como as composições em ácidos gordos dos óleos (óleo de soja e de palma) se reflectem nos produtos e o seu impacto nas características de qualidade da carne de frango e relataram que foi encontrada uma diferença significativa entre as amostras estudadas em relação ao tipo de óleo adicionado. Os valores dos músculos a* e L* diminuíram quando o óleo foi adicionado à ração, enquanto que os valores b* aumentaram, para 1 dia depois de pm e vice-versa, para 7 dias depois de pm (Tab.3.9).

Table 3.9. Quality characteristics of broilers meat

Parameters	Group 1	Group 2	Group 3
24 hours p. m.			
L*	$49{,}71^{X} \pm 0.32$	$49.3.1^{Y} \pm 1.48$	$49{,}31^{X} \pm 1.25$
a*	$4.85^{X} \pm 0.37$	$4{,}27^{X} \pm 0.98$	$8{,}07^{Y} \pm 1.09$
b*	$5{,}80^{X} \pm 0.14$	$6.92^{Y} \pm 0.84$	$4.42^{Z} \pm 1.24$
7 days p. m.			
L*	$54.4^{X} \pm 0.71$	$51{,}12^{Y} \pm 0.95$	$50{,}23^{Z} \pm 1.05$
a*	$6{,}00^{X} \pm 3.62$	$4{,}87^{X} \pm 0.12$	$4.13^{X} \pm 0.49$
b*	$3.57^{X} \pm 1.78$	$1{,}48^{X} \pm 1.35$	$7.73^{Y} \pm 0.40$
Hardness (80%)	$16.611^{X} \pm 1.78$	$51.611^{Z} \pm 1.78$	$4.13^{Y} \pm 1.78$
Elasticity (80%)	$3.701^{X} \pm 0.52$	$5.391^{Y} \pm 0.78$	$4.898^{Y} \pm 0.68$

Values are mean of 3 replicates
Pm: post mortem
L*: Lightness, a*: redness, b*: yellowness
^{x,y} in the same line indicate significant differences (*$p<0.05$*). Groups I fed by standard ration without oil inclusion; Group II fed by ration containing soybean oil; Group III fed by ration containing palm oil.

Os resultados mostraram que o músculo de controlo tinha o valor mais alto de L* após 1 dia da tarde, este valor diminuiu após 6 dias de armazenamento, resultando num ligeiro aumento da escuridão do músculo. A diminuição do valor de a* e o aumento do valor de b* nos músculos das galinhas que receberam a ração suplementar levaram a uma ligeira perda da cor vermelha e a um aumento da cor amarela do músculo.

As propriedades físicas da carne de frango de carne alimentada com diferentes tipos de óleo vegetal e aditivos alimentares foram estudadas por Zaki et al. (2018b). Mostraram que os frangos de carne alimentados com óleo de palma (T5 e T6) tinham o pH mais elevado, seguidos pelos frangos alimentados com óleo de soja (T1 e T3). Verificou-se também que a adição de aditivos alimentares comerciais multienzimáticos teve um efeito significativo no pH de frangos alimentados com óleo de soja (T2 e T3), enquanto que não foi encontrado qualquer efeito significativo no pH de frangos alimentados com óleo de palma com a adição de aditivos alimentares comerciais multienzimáticos (T5 e T6).

Os dados sobre a perda de cozedura de carne de frango alimentada com diferentes tipos de óleos mostraram que não foram encontradas diferenças significativas entre os frangos alimentados com óleo de soja T1 e T2; foi encontrada uma pequena diferença na perda de cozedura do grupo T3, enquanto que foram encontradas diferenças significativas na perda de cozedura dos frangos alimentados com óleo de palma. A adição de aditivos alimentares comerciais multi-enzimáticos teve efeitos significativos na perda de cozedura. Os frangos de carne alimentados com óleo de palma suplementado com aditivos alimentares multi-enzimáticos comerciais tiveram uma perda de cozedura menor de 21,59 e 26,40%, mas foi encontrada pouca diferença na perda de cozedura de frangos de carne alimentados com óleo de soja com aditivos alimentares multi-enzimáticos comerciais (Quadro3.10).

Table 3.10. physical characteristics of broiler chicken meat.

Treatments	Parameters		
	pH	Cooking loss (%)	Chilling loss (%)
T1	6.11 ± 0.02^{b}	33.21 ± 4.67^{ab}	3.64 ± 0.42^{b}
T2	5.96 ± 0.06^{c}	31.77 ± 1.14^{ab}	3.25 ± 0.23^{bc}
T3	6.08 ± 0.01^{b}	30.14 ± 0.94^{b}	3.13 ± 0.05^{c}
T4	5.99 ± 0.01^{c}	33.89 ± 1.90^{a}	3.37 ± 0.11^{bc}
T5	6.19 ± 0.01^{a}	21.59 ± 0.45^{d}	3.64 ± 0.51^{b}
T6	6.18 ± 0.03^{a}	26.40 ± 2.76^{c}	4.20 ± 0.18^{a}
SEM	0.01	1.03	0.14

a-d means within the same column with different superscripts letters are different ($p<0.05$). T1, T2 and T3: Treatments soybean oil/ soybean oil with ZAD 0.5kg/ton and soybean oil with AmPhi-BACT 0.5kg/ton. T4, T5andT6: Treatments for palm oil/ palm oil with ZAD 0.5kg/ton and palm oil with AmPhi-BACT 0.5kg/ton. Means ± standard deviation. SEM: standard error of means

No quadro (3.11) e (Fig. 3.1) são mostradas as medidas de cor dos diferentes óleos alimentares e aditivos alimentares comerciais multi-enzimáticos para carne de frango. Não foram encontradas diferenças significativas nos valores L* entre os tratamentos de ração. Também não foram encontradas diferenças significativas

Table 3.11. Color measurements of broiler chicken meat

Treatments	Parameters		
	L	a	b
T1	51.82±4.37	11.80±2.02	20.05±3.24
T2	54.02±2.09	12.18±0.48	16.56±7.38
T3	53.74±2.70	12.89±2.36	19.53±1.26
T4	53.60±5.30	11.58±1.72	18.65±1.08
T5	52.41±1.25	13.55±0.33	21.06±2.96
T6	53.71±3.48	11.51±2.53	22.17±4.35
SEM	2.00	1.03	2.30

Means within the same column with different superscripts letters are different ($p<0.05$). T1, T2 and T3: Treatments for soybean oil/ soybean oil with ZAD 0.5kg/ton and soybean oil with AmPhi-BACT 0.5kg/ton. T4, T5andT6: Treatments for palm oil/ palm oil with ZAD 0.5kg/ton and palm oil with AmPhi-BACT 0.5kg/ton. Means ± standard deviation. SEM: standard error of means.

entre os valores a* e b* de carne de frango de carne. A adição de aditivos alimentares comerciais multienzimáticos não teve qualquer efeito significativo nas medições de cor.

Fig 3.1 Color measurements of broiler chicken meat fed on different dietary oils and commercial multi- enzyme feed additives

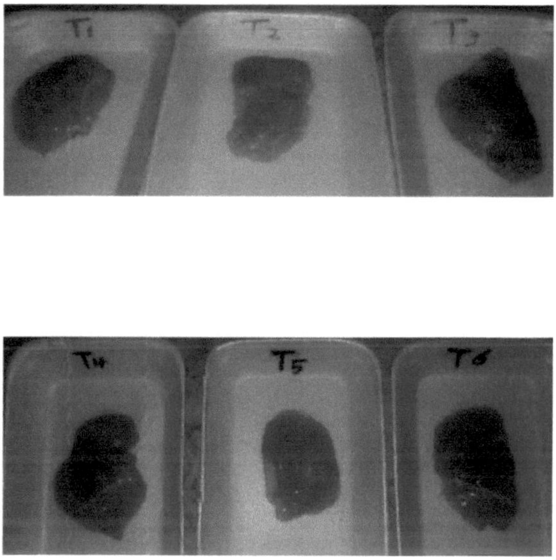

Valor T.B.A.

Há pouca informação disponível sobre os efeitos da alimentação de frangos de carne com óleos vegetais e aditivos alimentares na qualidade da carne, prazo de validade e estado de oxidação dos tecidos.

Pekel et al. (2012) avaliaram os efeitos do tipo e quantidade de gordura dietética sobre o valor TBA da carne de frango e constataram que não foram observados efeitos significativos da fonte, quantidade ou interacção de gordura no valor TBARS da

Table 3.12. TBA value of broiler chicken meat.

	Breast meat				Thigh meat	
	pH				TBARS, mg/kg	
Item	15 min	24 h	Cooking loss, %	Shear force, kg/cm^2	48 h	d 7
Fat source						
SO	6.2	6.0^a	18.32	3.12	0.68	4.89
NSS	6.2	5.8^b	18.54	3.05	0.79	5.43
SEM	0.05	0.04	0.493	0.281	0.12	1.02
Fat level, %						
2	6.2	5.7^b	19.77^a	2.91	0.92	3.48
4	6.3	6.0^a	17.83^b	3.06	0.78	7.48
6	6.1	5.9^{ab}	17.69^b	3.28	0.51	4.53
SEM	0.06	0.05	0.604	0.345	0.15	1.256
Source × level						
SO 2	6.2	5.9	19.90	3.10	0.97	4.86
NSS 2	6.1	5.6	19.64	2.73	0.86	2.10
SO 4	6.3	6.1	17.63	2.96	0.68	7.73
NSS 4	6.4	5.8	18.03	3.17	0.89	7.22
SO 6	6.1	5.9	17.43	3.32	0.40	2.08
NSS 6	6.2	5.9	17.94	3.24	0.61	6.97
SEM	0.09	0.07	0.854	0.488	0.20	1.777
P-value						
Fat source	0.958	0.001	0.756	0.850	0.543	0.713
Fat level	0.070	0.004	0.036	0.759	0.147	0.082
Source × level	0.344	0.107	0.887	0.834	0.680	0.103

[a,b]Means within a column with no common superscripts differ significantly ($P < 0.05$).

[1]Data are means of 5 pens of 6 broilers/pen.

carne da coxa após 48 horas e 7 dias de armazenamento (Tab.3.12).

Tavarez et al (2011) avaliaram os efeitos da inclusão de antioxidantes e da qualidade do óleo na oxidação lipídica da carne de frango e constataram que não havia diferenças globais entre os grupos de tratamento após 0 dias.

Os níveis de TBARS aumentaram durante a exposição em todos

os tratamentos. Contudo, no dia 7, observou-se uma interacção de 3 vezes entre antioxidante, tipo de óleo e dia (P < 0,01), com os frangos de carne alimentados com óleo oxidado sem antioxidante tendo níveis de TBARS mais elevados do que os alimentados com todos os outros tratamentos. Este resultado sugere que a inclusão de antioxidantes na dieta dos frangos de carne alimentados com óleo oxidado protegeu os lípidos da oxidação no visor (Fig. 3.2).

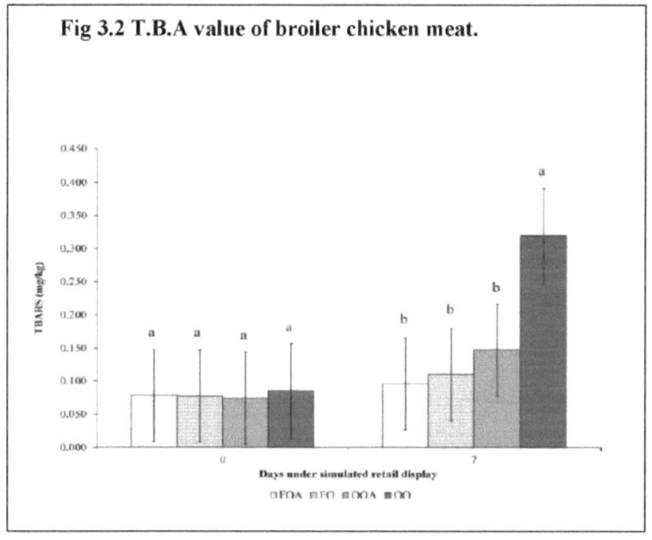

Fig 3.2 T.B.A value of broiler chicken meat.

Referências

Abdulla, N. R., Loh, T.C., Akit, H., Sazili, A.Q., Foo, H.L., Mohamad, R., Abdul Rahim, R., Ebrahimi, M., Sabow, A.B. 2015. Perfil de ácidos gordos, colesterol e estado de oxidação no músculo peitoral de frangos de carne alimentados com diferentes fontes de óleo e níveis de cálcio. South African Journal of Animal Science. 45(2), 153163.

Anjum, M. I., Mirza, I. H., Khan, A. G., Azim, A. 2004. Efeito do óleo de soja fresco e oxidado no desempenho de crescimento, peso dos órgãos e qualidade da carne de frangos de carne. Jornal Veterinário do Paquistão, 24(4), 173-178.

Ayed, H. B., Attia, H., Ennouri, M. 2015. Efeito da alimentação fortificada com óleo no desempenho de crescimento e qualidade da carne de frangos de carne. Técnicas Avançadas em Biologia e Medicina. 4, 1- 4.

Azman, M.A., Konar, V. e Seven, P.T. 2004. Effects of different dietary fat sources on growth performances and carcass fatty acid composition of broiler chickens Revue Med. Vet. 156, 5, 278-286.

Baiao, N.C., Lara, L.J.C. 2005. Óleo e gordura na alimentação de frangos de carne. Brazilian Journal of Poultry Science. 7 (3): 129 - 141.

Bostami, A.B.M.R., Mun, H.S., Yang, C.J. 2017. Composição química do peito e da carne da coxa e perfil dos ácidos gordos em frangos de carne alimentados com dietas com elevado teor de gordura. Journal of Food Processing & Technology.8, 672.

Crespo, N., Esteve-Garcia, E. 2002. Deposição de nutrientes e ácidos gordos em frangos de carne alimentados com diferentes perfis de ácidos gordos. Ciência das aves de capoeira. 81, 1533-1542.

Howe, P., Meyer, B., Record S., Baghurst, K. 2006. Ingestão dietética de ácidos gordos polinsaturados de cadeia longa ®-3: contribuição das fontes de carne. Nutrição. 22, 47-53.

Jalali, S. M. A., Rabiei, R., Kheiri, F. 2015. Efeitos dos óleos dietéticos de soja e girassol com e sem suplemento de L-carnitina no desempenho de crescimento e parâmetros bioquímicos do sangue de pintos de frango de carne. Arquivos Reprodução Animal. 58, 387-394.

Nobakht, A., Tabatbaei, S., e Khodaei, S. 2011. Efeitos de diferentes fontes e conteúdos de óleos vegetais no desempenho, características da carcaça e acumulação de vitaminas na carne de peito de frango. Jornal de Investigação actual das Ciências Biológicas. 3(6), 601-605.

Nyquist, N. F. R0dbotten, R. Thomassen, M., Haug, A. 2013. O valor nutricional da carne de frango quando alimentada com óleo de palma vermelho, óleo de palma ou gordura animal fundida em combinação com óleo de linhaça, óleo de colza e dois teores de selénio. Lípidos na Saúde e na Doença, 12:69.1-13.

Omojola, A. B., Otunla, T. A., Olusola, O. O. O., Adebiyi, O. A., Ologhobo, A. D. 2014. Desempenho e características de carcaça de frangos de carne alimentados com soja e sésamo/soja complementados com ou sem fitase microbiana. Revista Americana de Agricultura Experimental. 4 (12), 1637-1648.

Pekel, A. Y., Demirel, G., Midilli, M., Yalcintan, H., Ekiz, B., Alp, M. 2012. Comparação da qualidade da carne de frangos de carne alimentados com sabão de girassol neutralizado ou óleo de soja. Ciência das aves de capoeira. 91, 2361-2369.

Tavarez , M. A. Boler , D. D. Bess , k. N. Zhao , J. Yan, F. , Dilger , A. C. Mckeith , F. k. e Killefer, J. 2011. effect of antioxidant addition and oil quality on broiler performance, meat quality and lipid oxidation Poultry Science. 90: 922-930.

Wang, W., Wang, Z., Yang, H., Cao, Y., Zhu, X., Zhao, Y. 2013. Efeitos da suplementação com fitase no desempenho de crescimento, desempenho no abate, crescimento de órgãos internos e parâmetros bioquímicos do intestino delgado e do seum de frangos de carne. Open Journal of Animal. Ciência. 3(3): 236-241.

Zakaria, H. A. H., Mohammad, A. R. J., Abu Ishmais, M. A. 2010. A influência da alimentação multienzima suplementar no desempenho, características da carcaça e qualidade da carne de frangos de carne. International Journal of Poultry Science. 9 (2), 126-133.

Zaki, E. F., El Faham, A. I., Mohamed, N.G. 2018a. Perfil de ácidos gordos e características de qualidade da carne de frango alimentada com diferentes fontes de óleo e alguns aditivos. International Journal of Health, Animal Science & Food Safty.5 (1):40-50.

Zaki, E. F., El Faham, A. I., Mohamed, N.G. 2018b. Características de qualidade do hambúrguer de frango processado a partir de frango de carne alimentado com diferentes tipos de óleos vegetais e aditivos alimentares. International journal of health, animal science & food safty.5 (1):1-11.

Capítulo 4

Características de qualidade dos produtos de carne de frango de frangos de carne alimentados com óleos dietéticos e alguns aditivos alimentares

Sinopse

O objectivo deste capítulo é realçar o impacto da utilização de diferentes fontes de óleo vegetal e aditivos alimentares em frangos de carne na transformação de produtos de carne de frango e o seu impacto nas características de qualidade.

Palavras-chave: óleo vegetal, aditivos alimentares, hambúrgueres de frango, pepitas e características de qualidade.

4.1. Introdução

Os frangos são considerados um modelo adequado para estudos de nutrição lipídica por serem muito sensíveis a mudanças de gordura na dieta, e muitos dos estudos realizados sobre frangos preocupam-se com o grau de saciedade ou tipo de fonte de gordura na dieta e a influência no desempenho e melhoria da qualidade da carcaça das aves (Rymer and Givens, 2005). Os óleos vegetais são uma fonte de energia amplamente utilizada na dieta dos frangos de carne. No entanto, a maioria dos óleos vegetais é principalmente utilizada para consumo humano e produção de biodiesel. Neste contexto, há um interesse crescente na utilização de fontes alternativas de gordura na nutrição de aves de capoeira em vez de fontes de petróleo bruto, o que aumentaria a concorrência entre a indústria dos biocombustíveis e os mercados de alimentos para consumo humano e animal. O óleo de palma ou misturas de óleo de palma, ácidos gordos destilados de palma e sabão de cálcio são fontes de óleos vegetais com um perfil de ácidos gordos que poderiam substituir as gorduras animais sem impacto negativo na qualidade das carcaças (Rodriguez et al., 2002). A inclusão de óleo de soja em dietas de frangos de carne não tem qualquer efeito sobre a humidade e o extracto de éter nos músculos do peito e das coxas. A deposição de gordura no músculo peitoral e nas vísceras também não é afectada pela inclusão de óleo na dieta. A qualidade da gordura na dieta não só afecta o desempenho do crescimento e a saúde animal (Lin et al., 1989; Enberg et al., 1996), mas também influencia a qualidade da carne de frango e dos produtos à base de carne (Lin et al., 1989; Asghar et al., 1989). A oxidação lipídica é uma das principais causas da deterioração da qualidade da carne e dos produtos de carne e pode levar ao ranço e à formação de odores e sabores indesejáveis que afectam os valores funcionais, sensoriais e nutricionais dos produtos de carne (Gray et al., 1996).

Os suplementos enzimáticos comerciais são frequentemente utilizados para aumentar o valor nutricional das dietas à base de trigo e de centeio, uma vez que estas dietas contêm altos níveis de polissacáridos insolúveis e não amido, que causam uma elevada viscosidade da polpa digestiva (Lazaro et al., 2003). Além disso, foram relatados aditivos enzimáticos para rações de coquetel para melhorar a produtividade das aves (Saleh et al., 2005) e a digestibilidade das rações à base de farinha de milho e soja, o que por sua vez leva a uma menor viscosidade das rações ingeridas em frangos de carne (Olukosi et al., 2007).

Enzimas como a fitase microbiana são utilizadas como um aditivo alimentar comercial na produção de frangos de carne para melhorar o valor nutricional das rações à base de plantas. A adição de fitase microbiana aos alimentos para frangos de carne resulta na hidrólise da fitase, que liga o fósforo da ração vegetal (Kies, et al., 2001). Além disso, o interesse na utilização da fitase como aditivo alimentar aumentou devido aos problemas causados pelos fosfatos nos resíduos animais. A inclusão de enzimas exógenas nos alimentos para animais tem demonstrado melhorar o desempenho dos frangos de carne. Contudo, o impacto na qualidade da carne ainda tem de ser determinado, uma vez que certos aditivos alimentares afectam a qualidade da carne (Wang, et al., 2013; Omojola, et al., 2014).

4.2. Propriedades físico-químicas

O impacto da alimentação com óleo vegetal e aditivos alimentares no processamento de carne de frango de carne tem sido investigado em poucos estudos. Zaki et al. (2018b) investigaram os efeitos da alimentação de frangos de carne com diferentes óleos vegetais e aditivos alimentares multi-enzimáticos comerciais nos traços de qualidade dos hambúrgueres de frango (Quadro 4.1). Um total de 216 pintos do dia de idade da raça *(Hubbard)* foram aleatoriamente atribuídos a seis tratamentos alimentares sob a forma de um desenho factorial (2x3), onde as duas fontes de óleo alimentar incluíam óleo de soja e óleo de palma com três níveis de aditivos alimentares multi-enzimáticos comerciais. Os tratamentos foram: apenas óleo de soja (T1), óleo de soja + ZAD (T2), óleo de soja + AmPhi-BACT (T3), apenas óleo de palma (T4), óleo de palma + ZAD (T5) e óleo de palma + AmPhi- BACT (T6). Os resultados mostraram que a adição de aditivos alimentares não teve efeito significativo sobre o pH de T5 e T6 ou entre T2 e T4, enquanto que foi encontrada uma ligeira diferença entre T1 e T3. Estes resultados são semelhantes aos de Zakaria et al. (2010), que constataram que a adição de enzimas não teve qualquer efeito sobre o pH da carne de frango. Contudo, o efeito das enzimas alimentares sobre o pH da carne de frango era difícil de compreender. Isto pode ser devido ao facto de as enzimas serem difíceis de prever, uma vez que o efeito das enzimas pode ser influenciado por muitos factores, incluindo o ambiente, a quantidade de enzimas na reacção e as interacções entre as enzimas e outras substâncias, que ainda não são totalmente compreendidas. O tipo de óleo alimentar teve um efeito significativo na perda de cozedura dos hambúrgueres de frango. Estes resultados não concordam com os de Pekel et al. (2012), que afirmaram que a fonte de gordura na dieta não teve qualquer efeito sobre a perda de cozedura dos hambúrgueres de frango.

Embora a perda de gordura na cozinha tenha diminuído com o aumento do teor de gordura na dieta, não houve diferenças significativas entre as fontes de gordura na dieta. Os efeitos dos aditivos alimentares na perda de cozedura dos hambúrgueres de frango foram significativamente diferentes. A adição de (ZAD com óleo de palma e óleo de soja) não teve qualquer efeito significativo na perda alimentar, enquanto que a adição de (AmPhi-BACT com óleo de palma) causou um aumento significativo na perda alimentar. Dados de

A tabela 4.1 mostra o valor T.B.A. de hambúrgueres de frangos de carne alimentados com diferentes tipos de óleo vegetal e aditivos alimentares. Os hambúrgueres do grupo T1 tinham o maior valor de T.B.A., seguido dos hambúrgueres do grupo T5, enquanto o menor valor de T.B.A. foi encontrado nos hambúrgueres do grupo T2. Não foram encontradas diferenças significativas nos valores de T.B.A. das outras amostras de hambúrgueres (T3, T4 e T6).

Table 4.1. Physicochemical properties of chicken burger

Treatments	Parameters		
	pH	Cooking loss (%)	T.B.A (mgMDA/kg)
T1	6.22 ± 0.06^{a}	36.21 ± 2.95^{a}	0.115 ± 0.010^{a}
T2	6.05 ± 0.03^{c}	32.48 ± 2.29^{ab}	0.031 ± 0.017^{d}
T3	6.18 ± 0.01^{ab}	31.75 ± 4.37^{b}	0.061 ± 0.011^{c}
T4	6.05 ± 0.04^{c}	31.68 ± 2.20^{b}	0.063 ± 0.010^{c}
T5	6.14 ± 0.015^{b}	34.29 ± 0.68^{ab}	0.076 ± 0.010^{b}
T6	6.14 ± 0.02^{b}	35.83 ± 1.53^{a}	0.065 ± 0.010^{c}
SEM	0.020	1.30	0.003

$^{a\text{-}d}$ means within the same column with different superscripts letters are different ($p<0.05$). T1, T2 and T3: Treatments for soybean oil/ soybean oil with ZAD 0.5kg/ton and soybean oil with AmPhi-BACT 0.5kg/ton. T4, T5andT6: Treatments for palm oil/ palm oil with ZAD 0.5kg/ton and palm oil with AmPhi-BACT 0.5kg/ton. Means ± standard deviation. SEM: standard error of means

Zaki et al. (2018c) também mostraram as propriedades físico-químicas das pepitas de frango processadas a partir de frangos de carne alimentados com diferentes tipos de óleo vegetal e aditivos alimentares. As pepitas de frango do grupo T3 tinham o pH mais elevado (6,11), seguidas pelas pepitas do grupo T5 (6,10). Foram encontradas pequenas diferenças entre as outras amostras de pepitas (Tabela 4.2). Pekel et al (2012) descobriram que o pH da carne de peito não diferia entre frangos de carne alimentados com óleo de soja (SO) e sabonetes de girassol neutralizados (NSS). A adição de aditivos alimentares comerciais multi-enzimáticos teve um efeito significativo no pH de pepinos produzidos a partir de frangos alimentados com óleo de soja (T2 e T3), enquanto que não foi observada qualquer diferença significativa naqueles alimentados com óleo de palma (T5 e T6). Os dados sobre a perda de cozedura de pepitas de frango produzidas a partir de frangos alimentados com diferentes tipos de óleo vegetal e aditivos alimentares mostraram que as pepitas do grupo T2 tiveram a maior perda de cozedura.

Não foram observadas diferenças significativas na perda de cozedura entre as pepitas dos grupos T1, T5 e T6 e as pepitas dos grupos T3 e T4. A adição de aditivos alimentares comerciais multi-enzimáticos com óleo de palma teve um efeito significativo na perda de cozedura das pepitas T2 e T3, enquanto que a adição de aditivos alimentares com óleo de palma não teve efeito significativo na perda de cozedura das pepitas T5 e T6.

Os dados do valor de T.B.A. de pepitas de frangos de carne alimentados com diferentes tipos de óleo vegetal e aditivos alimentares são apresentados no Quadro (4.2). As pepitas do grupo T2 tinham o valor mais alto de T.B.A., seguidas pelas pepitas do grupo T5, enquanto que o valor mais baixo de T.B.A. foi encontrado nas pepitas do grupo T6. Não foram encontradas diferenças significativas nos valores do IVA das outras amostras de pepitas (T1, T3 e T4).

Table.4.2. Physicochemical properties of chicken nuggets

Treatments	Parameters		
	pH	Cooking loss (%)	T.B.A (mgMDA/kg)
T1	6.05 ± 0.04^{bcd}	16.51 ± 0.89^{c}	0.061 ± 0.016^{c}
T2	6.02 ± 0.03^{cd}	27.25 ± 0.49^{a}	0.156 ± 0.004^{a}
T3	6.11 ± 0.02^{a}	22.97 ± 1.55^{b}	0.048 ± 0.008^{cd}
T4	6.00 ± 0.03^{d}	21.08 ± 2.71^{b}	0.059 ± 0.005^{c}
T5	6.10 ± 0.03^{ab}	15.85 ± 2.29^{c}	0.088 ± 0.001^{b}
T6	6.06 ± 0.06^{abc}	14.20 ± 1.02^{c}	0.035 ± 0.006^{d}
SEM	0.01	0.97	0.004

4.3. Medidas de encolhimento

Poucos estudos foram realizados para avaliar os efeitos da alimentação de óleos vegetais com ou sem adição de aditivos alimentares nas medições de encolhimento. Zaki et al (2018b) mostraram as medições de encolhimento dos hambúrgueres de frango alimentados com diferentes tipos de óleo vegetal e aditivos alimentares (Quadro 4.3). Os dados das medições de encolhimento mostraram que as fontes de gordura na dieta tiveram um efeito significativo na redução do diâmetro e do grau de encolhimento dos hambúrgueres de galinha. Contudo, a adição de enzimas não teve um efeito significativo nas medições da contracção.

Table 4.3.Shrinkage measurements of chicken burger

Treatments	Parameters (%)		
	Reduction in diameter	Reduction in thickness	Shrinkage
T1	14.13±1.40^{b}	12.28±1.47^{c}	17.93±0.76^{a}
T2	16.99±1.25^{a}	17.16±2.13^{a}	19.44±1.39^{a}
T3	15.56±0.36^{ab}	16.88±1.02^{a}	19.24±1.28^{a}
T4	14.38±1.65^{b}	14.69±0.37^{b}	18.43±1.40^{a}
T5	13.84±0.45^{b}	13.82±0.05^{bc}	17.73±0.63^{a}
T6	13.44±1.36^{b}	12.04±0.95^{c}	17.16±1.30^{a}
SEM	0.68	0.69	0.67

As fontes de gordura e a adição de aditivos alimentares não tiveram um efeito significativo na redução da espessura das fritadeiras de frango.

Zaki et al. (2018c) também mostraram as medidas de encolhimento de pepitas de frango feitas de frangos de carne alimentados com diferentes tipos de óleo vegetal e aditivos alimentares. As pepitas do grupo T2 mostraram a maior redução no diâmetro; foram encontradas ligeiras diferenças significativas nas pepitas do grupo T1 e nas pepitas do grupo T3. Também não foram encontradas diferenças significativas nas pepitas dos outros tratamentos alimentares (T4, T5 e T6). Não foram encontradas diferenças significativas na redução da espessura das pepitas dos grupos T2 e T3 e das pepitas dos grupos T1 e T6. Foi encontrada uma ligeira diferença significativa nos nuggets dos grupos T4 e T5. A adição de óleos vegetais e

Os aditivos alimentares comerciais multi-enzimáticos não tiveram efeito significativo no grau de contracção das pepitas.

Table 4.4.Shrinkage measurements of chicken nuggets

Treatments	Parameters (%)		
	Reduction in diameter	Reduction in thickness	Shrinkage
T1	14.13 ± 1.40^{b}	12.28 ± 1.47^{c}	17.93 ± 0.76^{a}
T2	16.99 ± 1.25^{a}	17.16 ± 2.13^{a}	19.44 ± 1.39^{a}
T3	15.56 ± 0.36^{ab}	16.88 ± 1.02^{a}	19.24 ± 1.28^{a}
T4	14.38 ± 1.65^{b}	14.69 ± 0.37^{b}	18.43 ± 1.40^{a}
T5	13.84 ± 0.45^{b}	13.82 ± 0.05^{bc}	17.73 ± 0.63^{a}
T6	13.44 ± 1.36^{b}	12.04 ± 0.95^{c}	17.16 ± 1.30^{a}
SEM	0.68	0.69	0.67

As medidas de cor das pepitas de frango alimentadas com diferentes óleos de ração e aditivos comerciais multienzimáticos são mostradas no Quadro (4.5). Não foram encontradas diferenças significativas no valor L* entre os diferentes tratamentos de rações, excepto no caso das pepitas de T1. Os dados também mostraram que não foram encontradas diferenças significativas num valor* entre pepitas de T1, T3 e T4.

foram encontrados entre as pepitas de T2, T4 e T6. As diferenças entre as outras amostras de pepitas não foram significativas. Estes resultados são semelhantes aos de Pekel et al. (2012), que descobriram que a cor da carne do peito não foi influenciada pela fonte de gordura. Zakaria et al. (2010) também relataram que as enzimas alimentares não tiveram qualquer efeito sobre a cor da carne de frango. Dalolio et al. (2015) descobriram que uma dieta de suplemento enzimático à base de milho e farinha de soja não tinha qualquer efeito sobre os parâmetros de cor da carne de frango.

Table.4.5. Color measurements of chicken nuggets

Treatments	Parameters		
	L	*a*	*b*
T1	58.97 ± 0.89^{b}	4.05 ± 1.33^{ab}	15.29 ± 0.66^{c}
T2	63.35 ± 1.15^{a}	4.62 ± 0.87^{a}	17.27 ± 0.62^{a}
T3	$56.67\pm0.68_{1}$	4.09 ± 0.15^{ab}	15.94 ± 0.28^{bc}
T4	62.21 ± 2.16^{a}	4.11 ± 0.35^{ab}	17.03 ± 0.14^{a}
T5	63.56 ± 2.05^{a}	3.52 ± 0.33^{bc}	15.98 ± 0.35^{b}
T6	63.18 ± 1.16^{a}	2.79 ± 0.08^{c}	16.76 ± 0.39^{a}
SEM	0.87	0.28	0.21

[a-c]Means within the same column with different superscripts letters are different ($p<0.05$). T1, T2 and T3: Treatments for soybean oil/ soybean oil with ZAD 0.5kg/ton and soybean oil with AmPhi-BACT 0.5kg/ton. T4, T5andT6: Treatments for palm oil/ palm

A avaliação sensorial dos hambúrgueres de frangos de carne alimentados com diferentes tipos de óleo vegetal e aditivos alimentares é apresentada no quadro 4.6. Os hambúrgueres dos grupos T6 tiveram a pontuação mais alta para o aspecto e foram encontradas ligeiras diferenças significativas entre os hambúrgueres dos grupos T2, T4 e T5. Não foram encontradas diferenças significativas entre os hambúrgueres dos grupos T1 e T3, que tinham a pontuação mais baixa. O hambúrguer dos grupos T6 teve a pontuação mais alta em termos de textura, suculência e maciez, seguido pelos hambúrgueres dos grupos T2, T4 e T5, e não foram encontradas diferenças significativas entre as outras amostras de hambúrgueres. O hambúrguer de T6 tinha a pontuação mais alta para o sabor, enquanto que o hambúrguer de T1 tinha a pontuação mais baixa e não foram encontradas diferenças significativas entre as outras amostras de hambúrgueres. Contudo, o hambúrguer de T6 tinha a pontuação mais alta para a aceitabilidade geral, enquanto que as diferenças entre as outras amostras de hambúrgueres eram ligeiramente significativas.

Table 4.6. Sensory evaluation of chicken burger.

Treatments	Appearance	Texture	Juiciness	Flavor	Tenderness	Overall acceptability
T1	7.00 ± 1.41^{b}	6.71 ± 1.11^{b}	6.85 ± 1.35^{b}	6.42 ± 1.90^{b}	6.57 ± 1.27^{b}	6.71 ± 1.25^{c}
T2	7.57 ± 0.98^{ab}	7.14 ± 1.35^{ab}	7.28 ± 1.38^{ab}	6.71 ± 1.80^{ab}	7.14 ± 1.35^{ab}	7.42 ± 0.98^{abc}
T3	7.14 ± 1.07^{b}	6.85 ± 0.69^{b}	6.57 ± 1.27^{b}	6.71 ± 1.60^{ab}	6.57 ± 0.98^{b}	7.28 ± 0.49^{bc}
T4	8.00 ± 1.15^{ab}	7.28 ± 1.60^{ab}	7.42 ± 1.40^{ab}	7.85 ± 0.69^{ab}	7.57 ± 0.79^{ab}	7.71 ± 0.76^{ab}
T5	7.71 ± 1.11^{ab}	7.28 ± 1.70^{ab}	7.28 ± 1.50^{ab}	6.85 ± 1.21^{ab}	7.14 ± 1.68^{ab}	7.14 ± 1.07^{bc}
T6	8.57 ± 0.53^{a}	8.28 ± 0.76^{a}	8.28 ± 0.76^{a}	8.14 ± 0.69^{a}	8.28 ± 0.49^{a}	8.28 ± 0.49^{a}
SEM	0.40	0.47	0.49	0.53	0.43	0.33

$^{a-c}$ means within the same column with different superscripts letters are different ($p<0.05$). T1, T2 and T3: Treatments for soybean oil/ soybean oil with ZAD 0.5kg/ton and soybean oil with AmPhi-BACT 0.5kg/ton. T4, T5andT6: Treatments for palm oil/ palm oil with ZAD 0.5kg/ton and palm oil with AmPhi-BACT 0.5kg/ton. Means ± standard deviation. SEM: standard error of means.

Fig4.1. Chicken burger processed from broiler fed on different types of vegetable oil and feed additives.

Fig4.2. Chicken nuggets processed from broiler fed on different types of vegetable oil and feed additives.

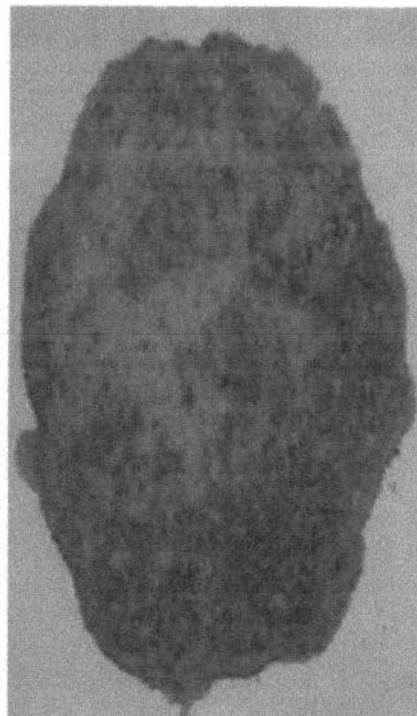

Referências

Asghar, A., Lin, C. F., Gray, J. I., Buckly, D. J., Booten, A. M., Flagal, C. J. 1989. Influência do óleo de alimentação oxidado e dos antioxidantes na estabilidade dos lípidos ligados à membrana na carne de frango. British Poultry Science. 30, 815-823.

Dalolio, F. S., Vaz, D. P., Moreira, J., Albino, L. F. T., Valadares, L. R. 2015. Características da carcaça de frangos de carne alimentados com um complexo enzimático. Biotecnologia na Criação de Animais. 31 (2), 153-162.

Engberg, R. M., Lauridsen, C., Jensen, S. K., Jakobson, K. 1996. Inclusão de óleo vegetal oxidado em dietas de frangos de carne. A sua influência no equilíbrio de nutrientes e estado antioxidante dos frangos de carne. Ciência das aves de capoeira. 75, 1003-1011.

Gray, J.I., Gomaa, E.A., Buckley, D.J. 1996. Qualidade oxidativa e prazo de validade da carne. Ciência da Carne. 43, S111-S123.

Kies, A.K., VanHemert, K.H.F., Sauer, W.C. 2001. Efeito da fitase na digestibilidade de proteínas e aminoácidos e na utilização de energia. World Poultry Science Journal. 57, 109-126.

Lazaro, R., Garda, M., Arambar, M.J., Mateos, G.G. 2003.

Efeito da adição de enzimas às dietas à base de trigo, cevada e centeio sobre a digestibilidade dos nutrientes e o desempenho das galinhas poedeiras. British Poultry Science. 44, 256-265.

Lin, C. F., Asghar, A., Gray, J. I., Buckly, D. J., Boome, A. M., Crackel, R. L., Flegal, C. J. 1989. Efeito do óleo alimentar oxidado e dos antioxidantes no crescimento e estabilidade da carne de frangos de carne. British Poultry Science. 30, 855-864.

Olukosi, O.A., Cowieson, A.J., Adeola, O. 2007. Influência dependente da idade de um cocktail de xilanase, amilase e protease ou fitase individualmente ou em combinação em frangos de carne. Ciência das aves de capoeira. 86, 77-86.

Omojola, A. B., Otunla, T. A., Olusola, O. O. O., Adebiyi, O. A., Ologhobo, A. D. 2014. Desempenho e Características de Carcaça de Frango de Corte Ração de Soja e Sésamo/Alimento à base de Soja Suplementadas com ou sem Fitose Microbiana. American Journal of Experimental Agriculture.4 (12), 1637-1648.

Pekel, A. Y., Demirel, G., Midilli, M., Yalcintan, H., Ekiz, B., Alp, M. 2012. Comparação da qualidade da carne de frangos de carne alimentados com sabão de girassol neutralizado ou óleo de soja. Ciência das aves de capoeira. 91, 2361-2369.

Rodriguez, M.A., Crespo, N.P., Cortes, M., CREUS, E., Medel, P. 2002. Efecto del tipo de grasa de la dieta en la alimentacion del broiler, con enfasis en los productos derivados del aceite de palma. Selecção de avicolas. 44(10), 693-702.

Rymer, C., Givens, D.I. 2005. Enriquecimento dos tecidos comestíveis das aves com ácidos gordos ómega 3: Uma revisão. Lípidos. 40, 121-130.

Saleh, F., Tahir, M., Ohtsuka, A., Hayashi, K. 2005. Uma mistura de celulase pura, hemicelulase e pectinase melhora o desempenho dos frangos de carne. British Poultry Science. 46, 602-606.

Wang, W., Wang, Z., Yang, H., Cao, Y., Zhu, X., Zhao, Y. 2013. Efeitos da suplementação com fitase no desempenho de crescimento, desempenho no abate, crescimento de órgãos internos e parâmetros bioquímicos do intestino delgado e do seum de frangos de carne. Open Journal of Animal Science. (3), 236-241.

Zakaria, H. A. H., Mohammad, A. R. J., Abu Ishmais, M. A. 2010. A influência da alimentação multienzima suplementar no desempenho, características da carcaça e qualidade da carne de frangos de carne. International Journal of Poultry Science. 9 (2), 126-133.

Zaki, E. F., El Faham, A. I., Mohamed, N.G. 2018b. Características de qualidade do hambúrguer de frango processado a partir de frangos de carne alimentados com diferentes tipos de óleos vegetais e aditivos alimentares. International journal of health, animal science & food safty.5 (1):1-11.

Zaki, E. F., El Faham, A. I., Mohamed, N.G., 2018c. Efeitos da alimentação de frangos de carne com óleo de soja e óleo de palma suplementado com alguns aditivos alimentares sobre as características de qualidade das pepitas de frango processadas. Jornal Internacional do Ambiente, Agricultura e Biotecnologia. 3(2): 500-505.

Índice

Capítulo 1 1
Capítulo 2 16
Capítulo 3 43
Capítulo 4 72

Printed by Books on Demand GmbH, Norderstedt / Germany